资助项目

国家出版基金资助项目

国家自然科学基金项目（31770251, 31070174, 30270109）

中国科学院东南亚生物多样性研究中心国际合作项目（2015CASEABRI001）

美国国家地理协会探索项目（NGS 8288-07）

资助单位

中国科学院东亚植物多样性与生物地理学重点实验室

中国科学院东南亚生物多样性研究中心

云南省喀斯特地区生物多样性保护研究会

Funded by

National Publication Foundation Project

National Natural Science Foundation of China (31770251, 31070174, 30270109)

Southeast Asia Biodiversity Research Institute, Chinese Academy of Sciences (2015CASEABRI001)

Committee of Research and Exploration of the National Geographic Society (NGS 8288-07)

Supported by

Key Laboratory for Plant Diversity and Biogeography of East Asia, Chinese Academy of Sciences

Southeast Asia Biodiversity Research Institute, Chinese Academy of Sciences

Karst Conservation Initiative of Yunnan

中国秋海棠
BEGONIA OF CHINA

税玉民
陈文红 著

参加编写人员：张亚梅　郭世伟　陈　力
SIRILAK RADBOUCHOOM

提供照片人员：陈炳华　陈世品　郭治友　李艳春
　　　　　　　　李智宏　刘　冰　刘恩德　刘晟源
　　　　　　　　秦新生　谭运洪　田代科　王　建
　　　　　　　　王文广　韦毅刚　夏熙城　谢彦军

云南出版集团公司
YUNNAN PUBLISHING GROUP CORPORATION
云南科技出版社
YUNNAN SCIENCE & TECHNOLOGY PRESS
·昆明·
KUNMING

中国秋海棠 / 税玉民, 陈文红著. -- 昆明：云南科技出版社, 2018.7
　　ISBN 978-7-5587-1512-9

　　Ⅰ.①中… Ⅱ.①税…②陈… Ⅲ.①秋海棠科—介绍—中国 Ⅳ.①Q949.759.7

　　中国版本图书馆CIP数据核字(2018)第172012号

中国秋海棠

税玉民，陈文红

责任编辑：李永丽　叶佳林　李东华　黄文元
装帧设计：秦会仙
责任校对：张舒园
责任印制：蒋丽芬

书　　号：ISBN 978-7-5587-1512-9
印　　刷：昆明亮彩印务有限公司
开　　本：889mm×1194mm　1/16
印　　张：19
字　　数：536千字
版　　次：2018年12月第1版　　2018年12月第1次印刷
定　　价：298.00元

出版发行：云南出版集团公司　云南科技出版社
地　　址：昆明市环城西路609号
网　　址：http://www.ynkjph.com/
电　　话：0871-64190889

内容简介

　　该书收录中国秋海棠属植物135种，约占中国种类的70%，东起台湾兰屿，西至西藏东南，南起海南岛吊罗山，北达辽宁长白山，代表了中国秋海棠属植物主要的类型和种类。种类按植物体的生态习性排列。每种包括了生境、叶片、花、果以及子房中部的横切面等照片。

　　该书可供大专院校、科研院所的植物分类、植物资源、环境保护以及园艺专业的师生和科技人员参考。

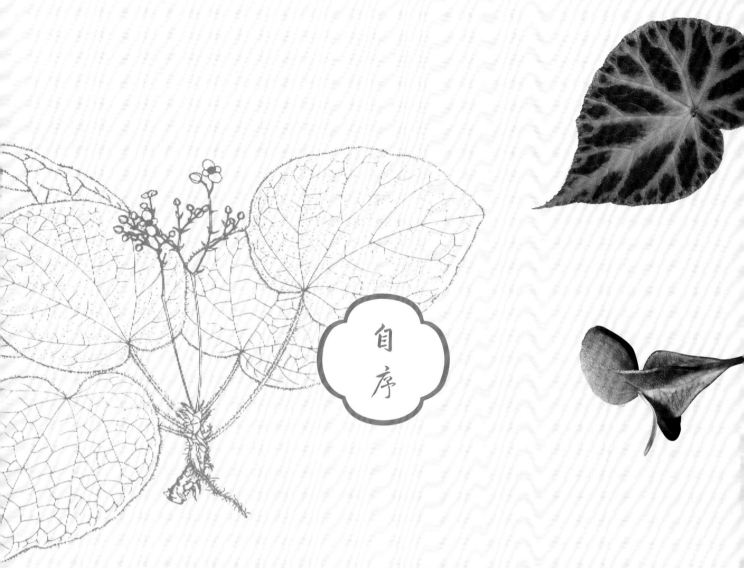

自序

　　我是1989年开始走近秋海棠的，而将我引见给秋海棠植物的介绍人就是云南大学的黄素华教授，那年是我硕士研究生阶段的开始。自此以后，就开始了频繁接触这些森林世界的美丽精灵，她们大都喜欢林下较为阴湿的生境，有她们踪影的地方大多风光极美，当然，现在这些地区大都是风景区了。在我硕士毕业后的工作过程中，仍然在进行秋海棠的研究，那段时间是吴征镒院士和谷粹芝研究员进行《中国植物志》编研阶段，也有幸得到了这两位大家的指点。再后来，读博士期间虽然没进行秋海棠的专类研究，但大围山近50种的秋海棠也够我折腾一阵子了。21世纪初，由于得到了国家自然科学基金项目的资助，开始了秋海棠属石灰岩特有类群侧膜组的研究工作，这一类群的分布主要在广西、云南东南部及越南北部，从此展开了一次次认识—不认识—认识的困难循环，从看山是山到看山不是山，再到看山还是山，我本人也似乎得到了一种境界上的升华。植物看多了，自然会发现一些变异现象或规律，看大围山地区的秋海棠主要是一个地方的多个物种分化，其中也不乏一些自然杂交种，认识他们并不太困难，但在研究侧膜组时，才发现形态相似的种类太多了。秋海棠的花区别不大，因此鉴别特征主要从叶片毛被及雌花（或果实）的翅等部位寻找区别特征，但侧膜组好多种类（特别是后期发表的新类群）都像孪生兄弟姐妹，增加了鉴别的难度，因此在本书中有的只是罗列了种类的特征及图片等，至于该种是否成立则需要更进一步的研究确定。

世界大属的分类和系统学问题一直是植物分类学研究的难点之一。秋海棠属是种子植物世界排名前6的泛热带大属，得到承认的名称至今已超过1800种，属下有80余组。特别是近20年来，全世界的秋海棠种类已新增300余种，并且有不断增加的趋势，仅中国的秋海棠种类在此期间就从80种增加到了200种。然而，由于缺乏全面系统的野外考察、对居群变异的把握不够准确、分类系统不完善，再加上形态的高度多样以及标本压制后许多表观特征容易丢失，仅仅依据腊叶标本和零星采集很难准确鉴定，结果导致该属目前的种类和实际种类存在一定的偏差（即可能存在较大比例的异名）。可见，该属在组和种等级上需要繁重的分类及其订正工作，否则难以有效支撑该类群的系统和演化研究，更不能很好地服务于秋海棠属植物资源的保护和利用工作。

对于这种大且困难的类群，其检索表的编写难度以及植物爱好者学习的难度都是很大的。因此，本书拟将一个较为复杂的工作转换成一个较为简单的事情，即看图识物，通过认真比较这些图片上所展示的特征，对中国的秋海棠植物有一定的认识。况且，中国如此多的种类，至今尚未有一本较为全面地介绍秋海棠的书籍，而网络上传的图片鉴定错误率极高，这极容易将亟需知道名称的读者引入误区，虽然本书尚有少部分种类未收录，权作抛砖引玉之用吧。

著者

前言

　　秋海棠属（*Begonia* L.）植物全世界共有1800多种，位列被子植物第6大属，广布于泛热带地区的温暖阴湿环境，尤其喜好热带地区的林下、峡谷、洞穴或瀑布等小生境，在非洲的刚果热带雨林、美洲的安第斯山脉和巴西高原以及东南亚的热带雨林和喜马拉雅南坡高度分化，地区特有性极高。秋海棠属植物不仅对气候变化和地理变迁反应敏感，而且也是西方国家的人们喜爱的室内观叶植物，园艺品种已达万余个，具有重要的科学价值和园艺价值。

　　中国的秋海棠属植物目前已记录有200种，主要分布于华南及西南地区，而这一地区同时也是亚洲秋海棠属植物的物种多样性中心之一，备受世界关注。首先，中国种类分属约10个组，并且集中于亚洲两大分支的早期种类，成为亚洲秋海棠属植物演化的关键类群；其次，中国种类多样性高，远较周边的越南、缅甸、印度等国家的种类丰富，对周边国家该类群的资源研究起到极为关键的作用；再者，中国秋海棠属植物的叶色和样式极为多样，为未来该类群园艺价值的开发和利用提供了巨大潜力，是一类珍贵的花卉资源，应得到合理开发和有效保护。

　　该书收录了中国秋海棠属植物135种，约占中国种类的70%，东起台湾兰屿，西至西藏东南，南起海南岛吊罗山，北达辽宁长白山，代表了中国秋海棠属植物主要的类型和种类。种类按植物体的生态习性排列，便于读者掌握和检索。每种包括了主要的形态特征、生境特点、地理分布及潜在的经济价值。照片强调其生长的自然环境，并配有叶片、花、果以及子房中部的横切面，部分种类更是强调了方便快捷的鉴别特征，如托叶或苞片等，可供鉴定参考。

　　最后，衷心感谢为该书提供宝贵照片的各位同仁；同时也欢迎读者提出宝贵的修改意见和更多未收录种类的照片，请联系邮箱ymshui@mail.kib.ac.cn。

目录

CONTENTS

1 球茎+直立茎 tubers & stems erect

2 球茎紧密+无直立茎 tubers compact & acaulescent

6 根茎强健+生花茎 rhizomes stout & flower stems

7 根茎强健+无生花茎 rhizomes stout & flower stems absent

8 根茎匍匐+无直立茎 rhizomes creeping & acaulescent

9 根茎藤状+无直立茎 rhizomes lianescent & acaulescent

致　谢

中国秋海棠属植物分群检索表

1. 植物体落叶，具球茎
    2. 直立茎..类群1 球茎+直立茎（种001-004）
    2. 无直立茎
        3. 球茎之间无纤细的根茎连接.....................类群2 球茎紧密+无直立茎（种005-020）
        3. 球茎之间有纤细的连接.......................类群3 球茎稀疏+无直立茎（种021-022）
1. 植物体常绿（罕落叶），具根茎
    4. 直立茎，基生叶不明显
        5. 根茎肿大，节间短.......................类群4 根茎强健+直立茎（种023-036）
        5. 根茎纤细，匍匐，节间长.......................类群5 根茎匍匐+直立茎（种037-046）
    4. 无直立茎（有时具2-3节生花茎），基生叶明显
        6. 根茎肿大，节间短
            7. 生花茎明显.......................类群6 根茎强健+生花茎（种047-062）
            7. 生花茎不明显.......................类群7 根茎强健+无生花茎（种063-086）
        6. 根茎纤细，匍匐，节间长
            8. 植物体匍匐状.......................类群8 根茎匍匐+无直立茎（种087-128）
            8. 植物体藤状，半悬垂.......................类群9 根茎藤状+无直立茎（种129-135）

Key to the Groups of *Begonia* of China

1. Plants deciduous, with tubers

    2. Plants with erect stems ....
.... Group 1 tubers & stems erect (spp. 001-004)

    2. Plants without erect stems

        3. The inter-nodes non-obvious among tubers ....
.... Group 2 tubers compact & acaulescent (spp. 005-020)

        3.The inter-nodes obvious among tubers ....
.... Group 3 tubers sparse & acaulescent (spp. 021-022)

1. Plants evergreen, with rhizomes

    4. Plants with erect stems, basal leaves absent or non-obvious

        5. Rhizomes inflated and stout, without the obvious and slender internodes ....
.... Group 4 rhizomes stout & stems erect (spp. 023-036)

        5. Rhizomes slender, creeping, with the obvious internodes ....
.... Group 5 rhizomes creeping & stems erect (spp. 037-046)

    4. Plants without erect stems, basal leaves obvious, rarely with 2-3-internoded flower stems with 2-3
leaves smaller than the basal leaves

        6. Rhizomes inflated and stout,without the obvious and slender internodes

            7. The flower stems with leaves obvious, arising from the rhizomes ....
.... Group 6 rhizomes stout & flower stems (spp. 047-062)

            7. The flower stemsabsent, only with leafless peduncles ....
.... Group 7 rhizomes stout & flower stems absent (spp. 063-086)

        6. Rhizomes slender, climbing with the obvious inter-nodes

            8. The plants creeping ....
.... Group 8 rhizomes creeping & acaulescent (spp. 087-128)

            8. The plants lianescent ....
.... Group 9 rhizomes lianescent & acaulescent (spp.129-135)

秋海棠科

BEGONIACEAE

Herbs or subshrubs, perennial with rhizome or tubers. Leaves simple, leaf blade base oblique. Plants monoecious or dioecious with flowers unisexual. Staminate flower with numerous stamens and pistillate flower with spiral stigma and ovary, placentae parietal or axile. Capsule (or berrylike Capsule) with 3 wings. Seeds numerous.

More than 1800 species, distributed in the tropical and subtropical regions of the world; and about 200 species in China.

Most of the begonias are the famous ornamental plants with colorful leaves and flowers. Some of them can be medicine or tea, and some of them can be edible (the young stems and leaves).

草本，少有亚灌木，多年生少一年生，具根茎或球茎。常为单叶，通常基部偏斜，两侧不相等。花单性，雌雄同株，少异株。花被片花瓣状；雄蕊多数；子房下位，侧膜胎座或中轴胎座；柱头呈螺旋状、头状、肾状以及U字形，并带刺状乳头。蒴果，有时呈浆果状，通常具不等大3翅，少数种无翅而带棱；种子极多数。

全世界约1800种，分布美洲、非洲和亚洲的热带和亚热带地区。中国有200种左右，主要分布于南部和西南部地区。

秋海棠属植物花艳叶美，具各种斑纹，多易栽培，为著名的阴生观赏植物；有的种类可作药或茶饮；有些种类的嫩茎叶可食，或作猪饲料。

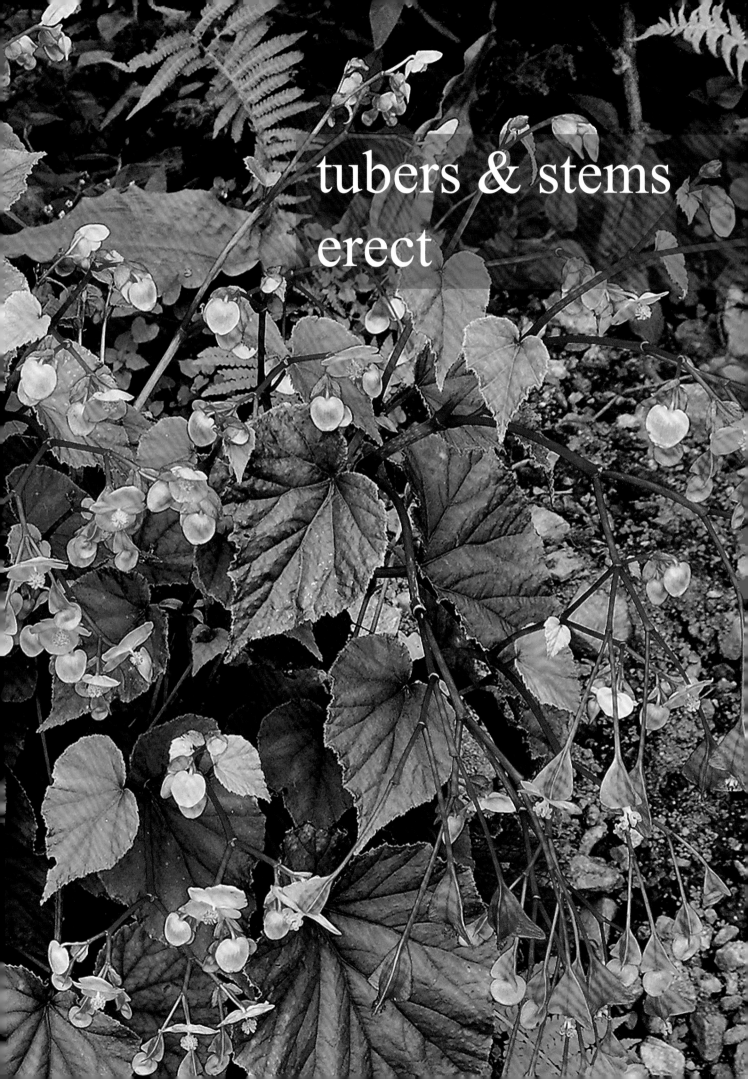

tubers & stems
erect

001 册亨秋海棠

Begonia cehengensis T. C. Ku, Acta Phytotax. Sin. 33 (3): 254, fig. 3. 1995.

Herb with tuber. **Leaf blade** broadly ovate or suborbicular, subglabrous or sparsely hispidulous. ♂ **flowers**: tepals 2, white, depressed-ovate. ♀ **flowers**: tepals 2, white, **ovary** obovoid, glabrous, placentae axile. **Capsule** obovoid, subequally 3-winged. Fl. Aug, fr. Sep.

On limestone mountains, 700-800 m. Guizhou.

草本具球茎。**叶片**宽卵圆形或近圆形，近无毛或被稀疏短硬毛。**雄花**：花被片2，白色，卵圆形。**雌花**：花被片2，白色，不等；**子房**倒卵状，无毛，中轴胎座。**蒴果**倒卵状，具近等3翅。花期8月，果期9月。

海拔700~800米石灰岩山。贵州。

3

002 钩翅秋海棠

Begonia demissa Craib, Bull. Misc. Inform. Kew 1930 (9): 409. 1930.

Herb with tuber. **Leaf blade** triangular, glabrous. ♂ **flowers:** tepals 4, plain white, obovate or oblanceolate, glabrous on both sides. ♀ **flowers:** tepals 4-5, plain white or pale pink, glabrous on both side, **ovary** pale green. **Capsule** glossy, pale green, with 3 subequal wings. Fl. Jul-Aug, fr. Sep-Oct.

On karst limestone cliffs, at 100-600m. Yunnan. Myanmar, Thailand.

草本具球茎。**叶片**三角形，无毛。**雄花：**花被片5，白色，倒卵形或长圆状披针形，两面无毛。**雌花：**花被片4~5，白色或淡粉色，两面无毛；**子房**淡绿色。**蒴果**倒卵状，淡绿色，具不等3翅。花期7~8月，果期9~10月。

海拔100~600米石灰岩山林下。云南；缅甸、泰国。

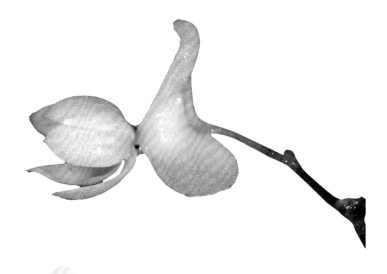

003a 秋海棠

Begonia grandis Dryand., Trans. Linn. Soc. Bot. London 1: 163. 1791.

Herb deciduous with tuber. **Leaf blade** broadly ovate. ♂ **flowers:** tepals 4, white to pink, glabrous. ♀ **flowers:** tepals 3, white to pink, glabrous, **ovary** glabrous, placentae axile. **Capsule** oblong, unequally 3-winged. Fl. Jul, fr. Aug.

In evergreen broad-leaved forests or limestone rocks, 100-3400 m. N, C, S and SW China.

草本落叶具球茎。**叶片**宽卵圆形。**雄花**：花被片4，白色至粉色，无毛。**雌花**：花被片3，白色至粉色，无毛；**子房**无毛，中轴胎座。**蒴果**长圆状，具不等3翅。花期7月，果期8月。

海拔100~3400米山坡常绿阔叶林或山谷石壁。华北、华中、华南及西南各省。

田代科 / 摄

003b 全柱秋海棠

Begonia grandis Dryand. subsp. **holostyla** Irmsch., Mill. Inst. Allg. Bot. Hamburg 10: 498, Pl. 14-15. 1939.

Herb with tuber. **Leaf blade** triangular-ovate. ♂ **flowers:** tepals 4, white to pink, glabrous. ♀ **flowers:** tepals 3, white to pink, glabrous, **ovary** glabrous, placentae axile. **Capsule** pendulous, oblong, unequally 3-winged. Fl. Jul, fr. Aug.

Evergreen broad-leaved forests, 2200-2800 m. Sichuan, Yunnan.

田代科 / 摄

草本落叶具球茎。**叶片**三角状卵圆形。**雄花**：花被片4，白色至粉色，无毛。**雌花**：花被片3，白色至粉色，无毛，**子房**无毛，中轴胎座。**蒴果**椭圆状，具不等3翅。花期7月，果期8月。

海拔2200~2800米常绿阔叶林中石上。四川、云南。

003c 中华秋海棠

Begonia grandis Dryand. subsp. **sinensis** (A. DC.) Irmsch., Mill. Inst. Allg. Bot. Hamburg 10: 494, Pl. 13. 1939.

Herb with tuber. **Leaf blade** elliptic-ovate or triangular-ovate, glabrous or subglabrous. ♂ **flowers:** tepals 4, white to pink, glabrous. ♀ **flowers:** tepals 3, white to pink, glabrous, **ovary** glabrous, placentae axile. **Capsule** pendulous, oblong, unequally 3-winged. Fl. Jul-Aug, fr. Sep-Oct.

On limestone rocks in forests, 300-3400 m. North to Beijing, West to Shaanxi, East to Zhejiang, South to Guangxi and Yunnan.

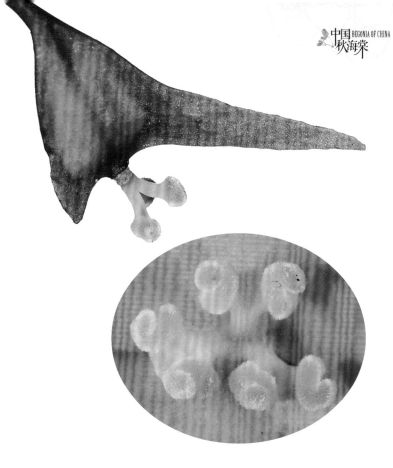

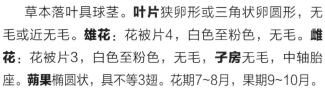

草本落叶具球茎。**叶片**狭卵形或三角状卵圆形，无毛或近无毛。**雄花**：花被片4，白色至粉色，无毛。**雌花**：花被片3，白色至粉色，无毛，**子房**无毛，中轴胎座。**蒴果**椭圆状，具不等3翅。花期7~8月，果期9~10月。

海拔300~3400米石灰岩林下石上。北至北京，东至浙江，西至陕西，南至广西和云南。

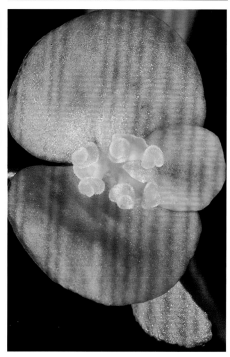

谭运洪 / 摄

004 小花秋海棠

Begonia peii C. Y. Wu, Acta Phytotax. Sin. 33 (3): 252, fig. 2. 1995.

Herb with tuber. **Leaf blade** ovate or suborbicular, glabrous. ♂ **flowers**: tepals 4. ♀ **flowers**: tepals 4, **ovary** oblong, glabrous, placentae axile. **Capsule** oblong, unequally 3-winged. Fl. Sep, fr. Oct-Nov.

Limestone rocks, 600-1000 m. Yunnan.

谭运洪 / 摄　　　　　　　　　谭运洪 / 摄

草本具球茎。**叶片**宽卵形或近圆形，无毛。**雄花**：花被片4。**雌花**：花被片4；**子房**长圆状，无毛，中轴胎座。**蒴果**长圆状，具不等3翅。花期9月，果期10~11月。

海拔600~1000米石灰岩山坡。云南。

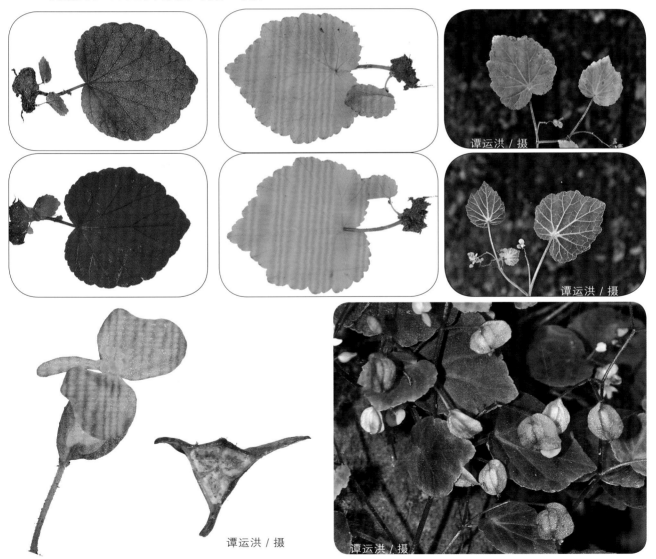

谭运洪 / 摄　　　　　　　　谭运洪 / 摄

2

球茎紧密+无直立茎

tubers compact &
acaulescent

005 树生秋海棠

Begonia arboreta Y. M. Shui, Acta Bot. Yunnan. 24 (3): 307. 2002.

Herb deciduous with tuber. **Leaf blade** broadly ovate. ♂ **flowers:** tepals 4, white. ♀ **flowers:** tepals 4, white, **ovary** glabrous, placentae axile. **Capsule** subequally 3-winged. Fl. Jul-Aug, fr. Sep-Oct.

Evergreen broad-leaved forests, on tree trunks, 1700-1900 m. Yunnan.

草本落叶，附生具球茎。**叶片**宽卵形。**雄花**：花被片4，白色。**雌花**：花被片4，白色；**子房**无毛，中轴胎座。**蒴果**具近等3翅。花期7~8月，果期9~10月。

海拔1700~1900米常绿阔叶林中树干上。云南。

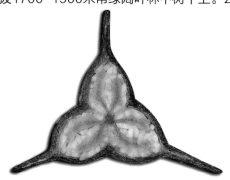

006 糙叶秋海棠

Begonia asperifolia Irmsch., Mitt. Inst. Allg. Bot. Hamburg 6: 359. 1927.

Herb deciduous with tuber. **Leaf blade** broadly ovate, pubescent. ♂ **flowers:** tepals 4, pink, glabrous. ♀ **flowers:** tepals 5, pink, unequal, obovate to suborbicular, **ovary** ellipsoid, placentae axile. **Capsule** unequally 3-winged. Fl. Aug-Oct, fr. Sep-Nov.

In broad-leaved or mixed broad-leaved forests, 1500-3400 m. SE Xizang, NW Yunnan.

草本落叶具球茎。**叶片**宽卵圆形，被柔毛。**雄花**：花被片4，粉色，无毛。**雌花**：花被片5，粉色，不等，倒卵形至近圆形；**子房**椭圆状，中轴胎座。**蒴果**具不等3翅。花期8～10月，果期9～11月。

海拔1500～3400米阔叶或针阔叶混交林。西藏东南、云南西北。

007 凤山秋海棠

Begonia chingii Irmsch., Mitt. Inst. Allg. Bot. Hamburg 10: 519. 1939.

Herb deciduous with tuber. **Leaf blade** ovate to broadly ovate, villous. ♂ **flowers:** tepals 4. ♀ **flowers:** tepals 3, **ovary** hairy, placentae axile. **Capsule** unequally 3-winged. Fl. Jul-Sep, fr. Oct-Nov.

Limestone hills or caves, 200-800 m. Guangxi.

草本落叶具球茎。**叶片**卵圆形至宽卵形，被绒毛。**雄花**：花被片4。**雌花**：花被片3；**子房**卵状，具毛，中轴胎座。**蒴果**具不等3翅。花期7~9月，果期10~11月。

海拔200~800米石灰岩山或溶洞中。广西。

008 齿苞秋海棠

Begonia dentatobracteata C.Y. Wu, Acta Phytotax. Sin. 33(3): 254. 1995.

Herb deciduous with tuber. **Leaf blade** oblong-ovate or oblong, hispidulous. ♂ **flowers:** tepals 4, pink. ♀ **flowers:** tepals 4, pink, **ovary** strigose, placentae axile. **Capsule** pendulous, unequally 3-winged. Fl. Jul, fr. Aug.

On cliffs in broad-leaved forests, 1600-1900 m. W Yunnan.

草本落叶具球茎。**叶片**狭卵形或椭圆形,两面被短硬毛。**雄花**:花被片4,粉色。**雌花**:花被片4,粉色;**子房**具糙毛,中轴胎座。**蒴果**具不等3翅。花期7月,果期8月。

海拔1600~1900米阔叶林中石壁上。云南西部。

009 景洪秋海棠

Begonia discreta Craib, Bull. Misc. Inform.
Kew 1930 (9): 410. 1930.

Herb deciduous with tuber. **Leaf blade**
oblong or oblong-ovate. ♂ **flowers:** tepals 4. ♀
flowers: tepals 3, pink, **ovary** glabrous, placentae
axile. **Capsule** narrowly obovoid, unequally
3-winged. Fl. Sep-Oct, fr. Oct-Nov.

On rocks at forests margins, 800-1100 m.
Yunnan. Thailand.

草本落叶具球茎。**叶片**长圆形或长圆状
卵形。**雄花**：花被片4。**雌花**：花被片3，粉
色；**子房**无毛，中轴胎座。**蒴果**倒卵状，具
不等3翅。花期9~10月，果期10~11月。

海拔800~1100米林缘石上。云南；泰国。

010 紫背天葵

Begonia fimbristipula Hance, Journ. Bot. 21: 202. 1883.

Herb deciduous with tuber. **Leaf blade** broadly ovate, rugulose, adaxially pubescent, abaxially hairy. ♂ **flowers:** tepals 4, pink to purplish pink, glabrous. ♀ **flowers:** tepals 3, pink to purplish pink, glabrous, **ovary** glabrous, placentae axile. **Capsule** ovoid-oblong, unequally 3-winged. Fl. May, fr. Jun.

On rocks of forests, 700-1100 m. Fujian, Guangdong, Guangxi, Hainan, Hunan, Jiangxi, Zhejiang.

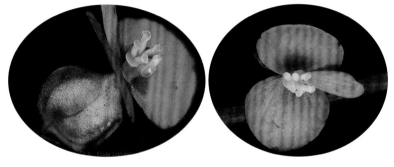

刘恩德/摄

草本落叶具球茎。**叶片**宽卵圆形，正面被柔毛，背面具毛。**雄花**：花被片4，浅粉色至粉紫色，无毛。**雌花**：花被片3，浅粉色至粉紫色，无毛；**子房**无毛，中轴胎座。**蒴果**卵状长圆形，具不等3翅。花期5月，果期6月。

海拔700~1100米林下岩石上。福建、广东、广西、海南、湖南、江西、浙江。

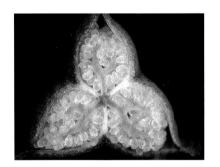

011 金秀秋海棠

Begonia glechomifolia C. M. Hu ex C. Y. Wu & T. C. Ku, Acta Phytotax. Sin. 33 (3): 253. 1995.

Herb deciduous with tuber. **Leaf blade** subreniform, both sides pubescent. ♂ **flowers:** tepals 4. ♀ **flowers:** tepals 3, **ovary** oblong, placentae axile. **Capsule** unequally 3-winged. Fl. Jun-Jul, fr. Jul-Aug.

In limestone forests, 1000 m. Guangxi.

草本落叶具球茎。**叶片**似肾形，两面被柔毛。**雄花**：花被片4。**雌花**：花被片3；**子房**长圆状，中轴胎座。**蒴果**具不等3翅。花期6~7月，果期7~8月。

海拔1000米石灰岩山林下。广西。

012 圭山秋海棠

Begonia guishanensis S. H. Huang & Y. M. Shui, Acta Bot. Yunnan. 16 (4): 336. 1994.

——*Begonia rhodophylla* C. Y. Wu, Acta Phytotax. Sin. 33 (3): 260. 1995.

Herb with tuber. **Leaf blade** narrowly ovate or ovate, both sides setulose. ♂ **flowers:** tepals 4. ♀ **flowers:** tepals 3 or 4, **ovary** villous, placentae axile. **Capsule** unequally 3-winged. Fl. Aug-Sep, fr. Sep.

In limestone forests, 1800-2000 m. Yunnan.

草本具根茎。**叶片**窄卵圆形或卵状椭圆形，两面具细刚毛。**雄花**：花被片4。**雌花**：花被片3或4；**子房**具绒毛，中轴胎座。**蒴果**具不等3翅。花期8~9月，果期9月。

海拔1800~2000米石灰岩山林下。云南。

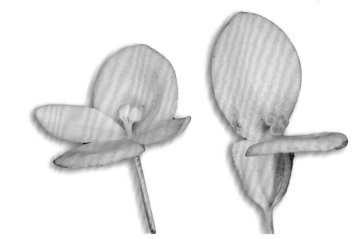

013 心叶秋海棠

Begonia labordei H.Lév., Bull. Soc. Agric. Sarthe 39: 323. 1904.

Herb deciduous with tuber. **Leaf blade** ovate, subglabrous. ♂ **flowers:** tepals 4, pink. ♀ **flowers:** tepals 3 (or 4), **ovary** glabrous or hairy, placentae axile. **Capsule** oblong-obovoid, unequally 3-winged. Fl. Aug, fr. Sep.

On moist rocks, 800-3000 m. Guangxi, Guizhou, Sichuan, Yunnan.

草本落叶具球茎。**叶片**卵圆形，近无毛。**雄花**：花被片4，粉色。**雌花**：花被片3（或4）；**子房**无毛或具毛，中轴胎座。**蒴果**长圆状倒卵形，具不等3翅。花期8月，果期9月。

海拔800~3000米潮湿岩石上。广西、贵州、四川、云南。

014 石生秋海棠

Begonia lithophila C. Y. Wu, Acta Phytotax. Sin. 33 (3): 257, fig. 6. 1995.

Herb deciduous with tuber. **Leaf blade** simple, 5-parted, adaxially hirsute, abaxially subglabrous. ♂ **flowers:** tepals 4. ♀ **flowers:** tepals 3, **ovary** oblong, glabrous, placentae axile. **Capsule** ellipsoid, unequally 3-winged. Fl. Sep-Oct, fr. Nov.

On limestone rocks, 1700-2000 m. Yunnan.

草本落叶具球茎。**叶片**单叶5裂，正面被硬毛，背面近无毛。**雄花**：花被片4。**雌花**：花被片3；**子房**长圆状，无毛，中轴胎座。**蒴果**椭圆状，具不等3翅。花期9~10月，果期11月。

海拔1700~2000米石灰岩石上。云南。

015 间型秋海棠

Begonia poilanei Kiew, Adansonia 29(2): 235, fig. 2. 2007.

——*Begonia wuzhishanensis* C. I Peng, X. H. Jin & S. M. Ku, Bot. Stud. 55: 24. 2014.

——*Begonia intermedia* D. K. Tian & Y. H. Yan, Phytotaxa 166 (2): 116. 2014.

Herb with tuber. **Leaf blade** cordate or broadly ovate, scattered uniseriate hairs. ♂ **flowers:** tepals 4 or 6, pink. ♀ **flowers:** tepals 3, **ovary** trigonous-ellipsoid, white, glabrous, placentae axile. **Capsule** glabrous, unequally 3-winged. Fl. Aug-Sep, fr. Sep-Oct.

On mountain slopes, 200-600 m. Hainan. Vietnam.

田代科／摄

草本具球茎。**叶片**心形或宽卵形，散生单列毛。**雄花**：花被片4或6，淡粉色。**雌花**：花被片3；**子房**三角状椭圆形，白色，无毛，中轴胎座。**蒴果**无毛，具不等3翅。花期8~9月，果期9~10月。

海拔200~600米山坡。海南；越南。

田代科／摄

田代科 / 摄

李智宏 / 摄

李智宏 / 摄

016 抱茎叶秋海棠

Begonia subperfoliata Parish ex Kurz, J. Asiat. Soc. Bengal, pt.2, Nat. Hist. 42(2): 81.1873.

Herb with tuber. **Leaf blade** peltate, glabrous on both sides. ♂ **flowers**: tepals 4, pink or pale pink. ♀ **flowers**: tapals 2-4, pink or pinkish, **ovary** sparsely pubescent, placentae axile. **Capsule** glabrous, unequally 3-winged. Fl. Jul-Sep, fr. Sep-Nov.

On karst limestone cliffs, 350-1800 m. Yunnan. Myanmar, Thailand.

草本具球茎。**叶片**盾状，两面无毛。**雄花**：花被片4，粉色或浅粉色。**雌花**：花被片2~4，粉色或浅粉色；**子房**疏被柔毛，中轴胎座。**蒴果**无毛，具不等3翅。花期7~9月，果期9~11月。

海拔350~1800米石灰岩石壁。云南；缅甸、泰国。

李智宏 / 摄

017 大理秋海棠

Begonia taliensis Gagnep., Bull. Mus. Hist. Nat. Paris 25: 279. 1919.

Herb deciduous with tuber. **Leaf blade** suborbicular or orbicular, adaxially hirsute, abaxially subglabrous. ♂ **flowers:** tepals 4, pinkish. ♀ **flowers:** tepals 3, pinkish, **ovary** glabrous, placentae axile. **Capsule** ovoid-oblong, unequally 3-winged. Fl. Aug, fr. Sep.

Secondery forests, 1300-2400 m. W Yunnan.

草本落叶具球茎。**叶片**近圆形或圆形，正面被粗毛，背面近无毛。**雄花**：花被片4，淡粉色。**雌花**：花被片3，淡粉色；**子房**无毛，中轴胎座。**蒴果**卵状长圆形，具不等3翅。花期8月，果期9月。

海拔1300~2400米次生林。云南西部。

018 一点血

Begonia wilsonii Gagnep., Bull. Mus. Hist. Nat. Paris 25: 281. 1919.

Herb deciduous with tuber. **Leaf blade** broadly ovate, subglabrous. ♂ **flowers:** tepals 4, pinkish. ♀ **flowers:** tepals 3 or 4, pinkish, **ovary** glabrous, placentae axile. **Capsule** trigonous, clavate, wingless. Fl. Aug, fr. Sep.

On rocks or slopes in forests, 300-1000 m. Chongqing, Sichuan.

草本落叶具球茎。**叶片**宽卵形，近无毛。**雄花**：花被片4，淡粉色。**雌花**：花被片3或4，淡粉色；**子房**无毛，中轴胎座。**蒴果**三角状或棒状，无翅。花期8月，果期9月。

海拔300~1000米林下岩石上或山坡上。重庆、四川。

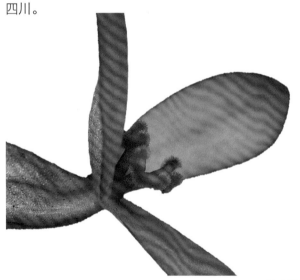

41

019 兴义秋海棠

Begonia xingyiensis T. C. Ku, Acta Phytotax. Sin. 33 (3): 263. 1995.

Herb deciduous with tuber. **Leaf blade** broadly ovate or orbicular, villous or sparsely villous. ♂ **flowers:** tepals (3-) 4, pinkish or white. ♀ **flowers:** tepals 2-4, suborbicular, **ovary** glabrous, placentae axile. **Capsule** glabrous, unequally 3-winged. Fl. Aug-Oct, fr. Oct-Dec.

On rocks in valleys, 1000 m. Guizhou.

草本落叶具球茎。**叶片**宽卵圆形或圆形，疏被长柔毛。**雄花**：花被片（3或）4，粉色或白色。**雌花**：花被片2~4，近圆形；**子房**无毛，中轴胎座。**蒴果**无毛，具不等3翅。花期8~10月，果期10~12月。

海拔1000米山谷中岩石上。贵州。

43

020 宿苞秋海棠

Begonia yui Irmsch., Not. Roy. Bot.
Gard. Edinburgh 21 (1): 36. 1951.

Herb deciduous with tuber. **Leaf blade**
ovate or broadly ovate, adaxially villous,
abaxially pilose. ♂ **flowers:** tepals 4, pink. ♀
flowers: tepals 4-5, **ovary** villous, placentae
axile. **Capsule** obovoid, unequally 3-winged.
Fl. Aug-Sep, fr. Sep-Oct.

On rocks or trunks in forests, 1500-2500 m.
Yunnan.

草本落叶具球茎。**叶片**卵圆形或宽卵
形，正面密被长柔毛，背面被柔毛。**雄
花**：花被片4，粉色。**雌花**：花被片4~5；
子房被绒毛，中轴胎座。**蒴果**倒卵状，具
不等3翅。花期8~9月，果期9~10月。

海拔1500~2500米林下岩石上或树干
上。云南。

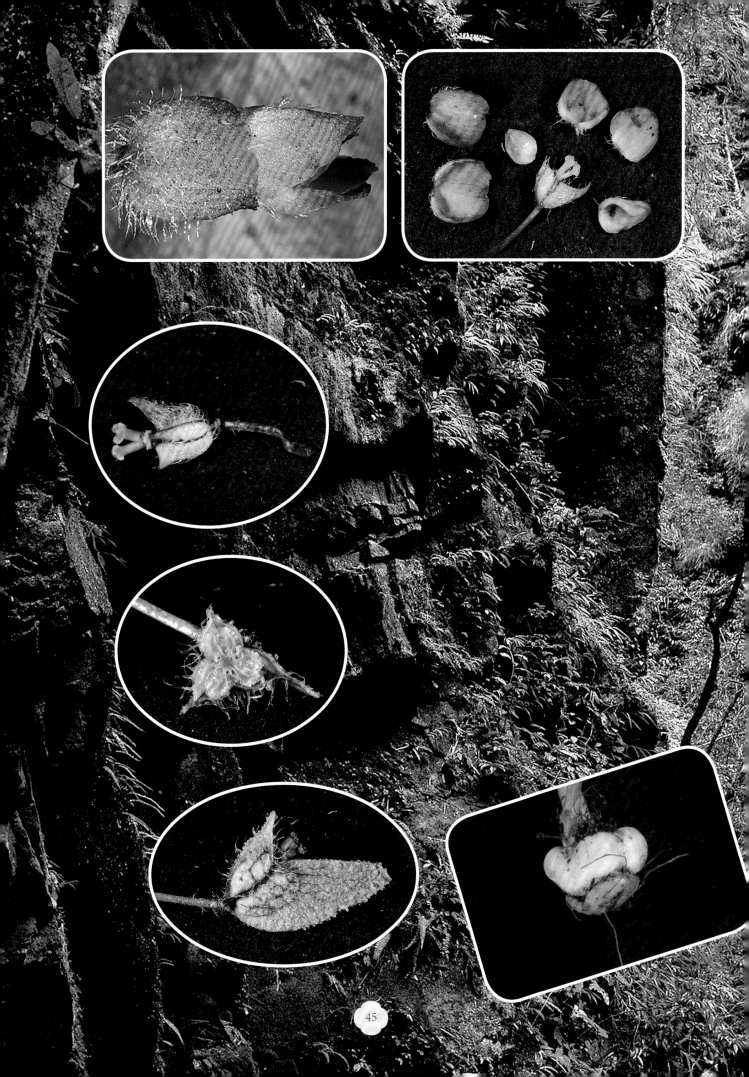

3

球茎稀疏+无直立茎

tubers sparse &
acaulescent

021 独牛

Begonia henryi Hemsl., Journ. Linn. Soc. Bot. 23: 322. 1887.

Herb deciduous with tuber. **Leaf blade** triangular-ovate or broadly ovate, pubescent. ♂ **flowers:** tepals 2, pink, orbicular or broadly ovate, glabrous. ♀ **flowers:** tepals 2, oblate, glabrous, **ovary** glabrous, placentae axile. **Capsule** oblong, unequally 3-winged. Fl. Sep-Oct, fr. Oct.

On rocks, 800-2600 m. Guangxi, Guizhou, Hubei, Sichuan, Yunnan.

王建／摄

草本落叶具球茎。**叶片**三角状卵圆形或宽卵形，具柔毛。**雄花**：花被片2，粉色，圆形或宽卵形，无毛。**雌花**：花被片2，扁圆形，无毛；**子房**无毛，中轴胎座。**蒴果**长圆状，具不等3翅。花期9~10月，果期10月。

海拔800~2600米岩石上。广西、贵州、湖北、四川、云南。

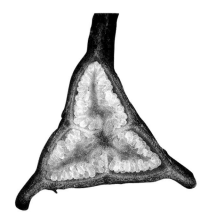

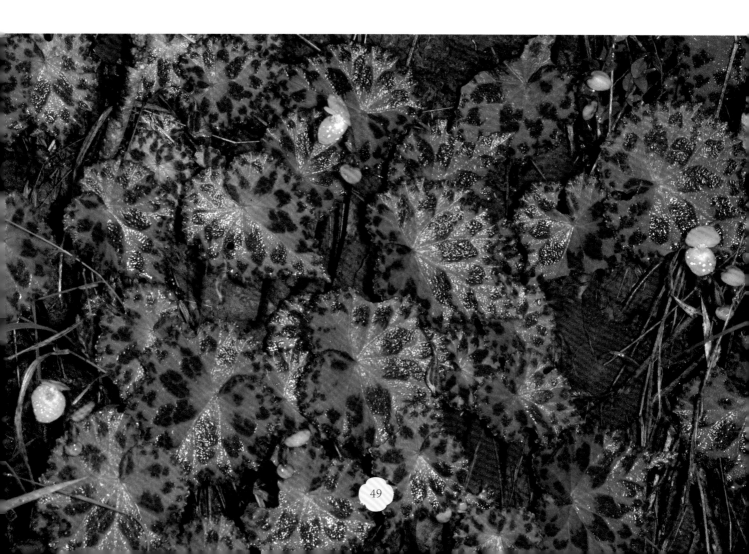

022 小叶秋海棠

Begonia parvula H.Lév. & Vant., Repert. Spec. Nov. Regni Veg. 2: 113. 1906.

Herb with tuber. **Leaf blade** broadly ovate, pilose or subglabrous. ♂ **flowers:** tepals 4, pinkish. ♀ **flowers:** tepals 5, unequal, **ovary** glabrous or hairy, placentae axile. **Capsule** unequally 3-winged. Fl. Sep-Oct, fr. Oct-Nov.

On rocks or slopes, 200-1300 m. Guangxi, Guizhou, Yunnan.

草本具球茎。**叶片**宽卵形，两面被柔毛或近无毛。**雄花**：花被片4，淡粉色。**雌花**：花被片5，不等；**子房**无毛或具毛，中轴胎座。**蒴果**具不等3翅。花期9~10月，果期10~11月。

海拔200~1300米岩石上，少在土坡。广西、贵州、云南。

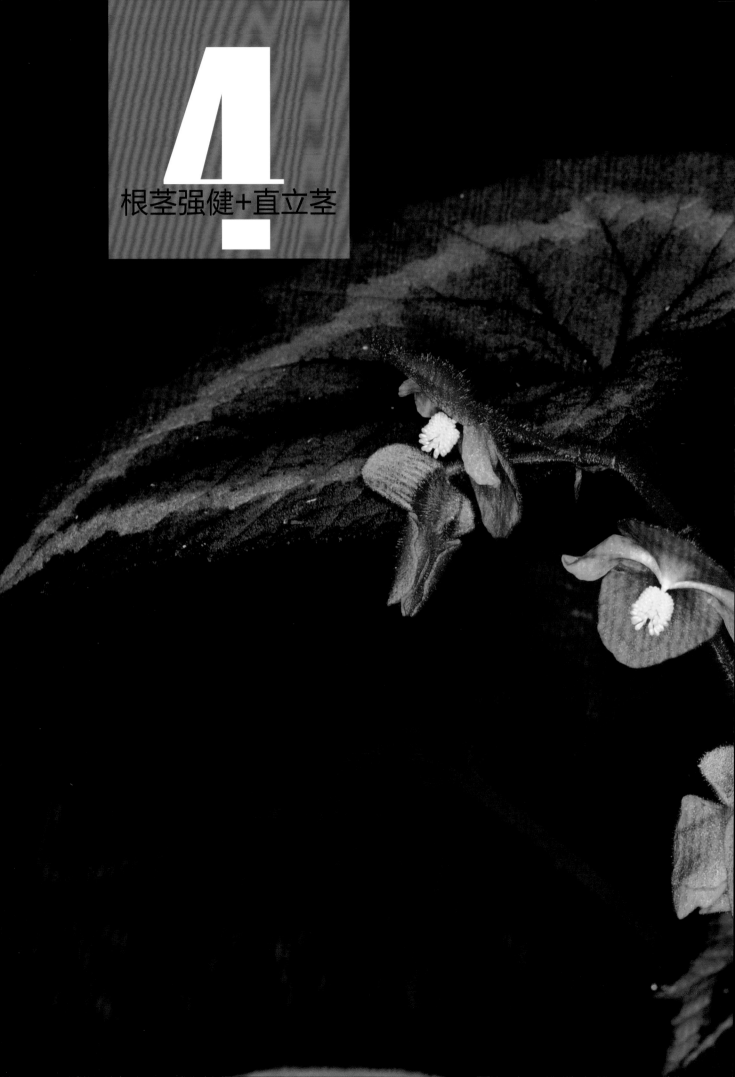

4

根茎强健+直立茎

rhizomes stout &
stems erect

023 无翅秋海棠

Begonia acetosella Craib, Bull. Misc. Inform. Kew. 1912 (3): 153. 1912.

——*Begonia tetragona* Irmsch., Mitt. Inst. Allg. Bot. Hamburg 10: 515. 1939.

Herb dioecious with rhizome. **Leaf blade** oblong or ovate-lanceolate, glabrous or pubescent. ♂ **flowers:** tepals 4, white or pinkish, glabrous. ♀ **flowers:** tepals 4, white or pinkish, glabrous, **ovary** obovoid, glabrous, placentae axile. **Capsule** berrylike, 3 or 4-horned. Fl. Apr-May, fr. May-Jun.

In moist evergreen broad-leaved forests, 500-1800 m. SE Xizang, S Yunnan. Laos, Myanmar, Thailand, Vietnam.

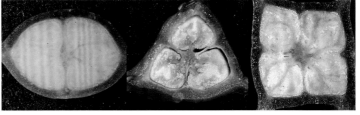

草本雌雄异株具根茎。**叶片**长圆形或卵状披针形，无毛或有软毛。**雄花**：花被片4，白色或粉色，无毛。**雌花**：花被片4，白色或粉色，无毛；**子房**倒卵球状，无毛，中轴胎座。**蒴果**浆果状，具3或4个角。花期4~5月，果期5~6月。

海拔500~1800米常绿阔叶林中阴湿处。西藏东南部、云南南部；老挝、缅甸、泰国、越南。

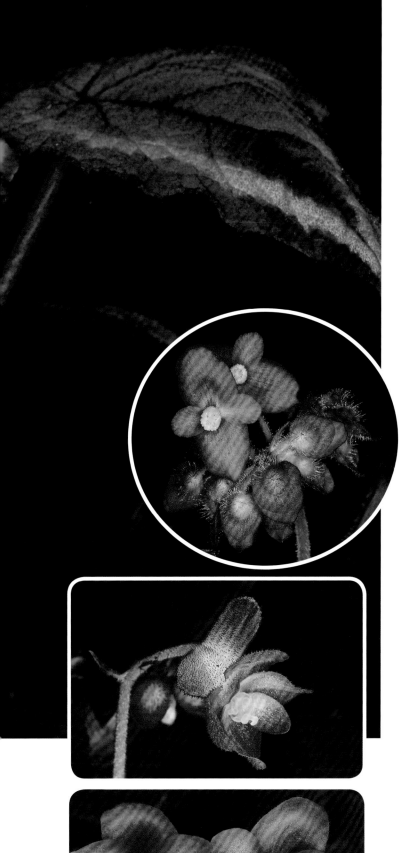

024 花叶秋海棠

Begonia cathayana Hemsl., Curtis's Bot. Mag. 134: t. 8202. 1908.

Herb with rhizome. **Leaf blade** ovate to broadly ovate, densely puberulous. ♂ **flowers:** tepals 4-6, pink or orangish. ♀ **flowers:** tepals 5, pink or orangish, subequal, oblong to broadly ovate, abaxially villous, **ovary** pubescent, placentae axile. **Capsule** unequally 3-winged. Fl. Aug, fr. Sep.

In slope secondery forests, 800-1500 m. Guangxi, Yunnan. Vietnam.

草本具根茎。**叶片**卵圆形至宽卵形,具微柔毛。**雄花**:花被片4~6,粉色或浅桔色。**雌花**:花被片5,粉色或橘黄色,近等,椭圆形至宽卵形,背面具长柔毛;**子房**具短柔毛,中轴胎座。**蒴果**具不等3翅。花期8月,果期9月。

海拔800~1500米山坡次生林。广西、云南;越南。

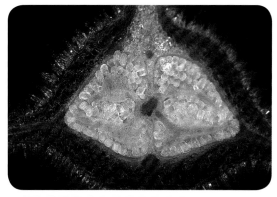

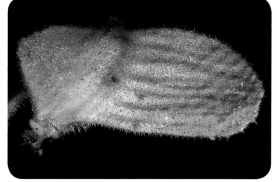

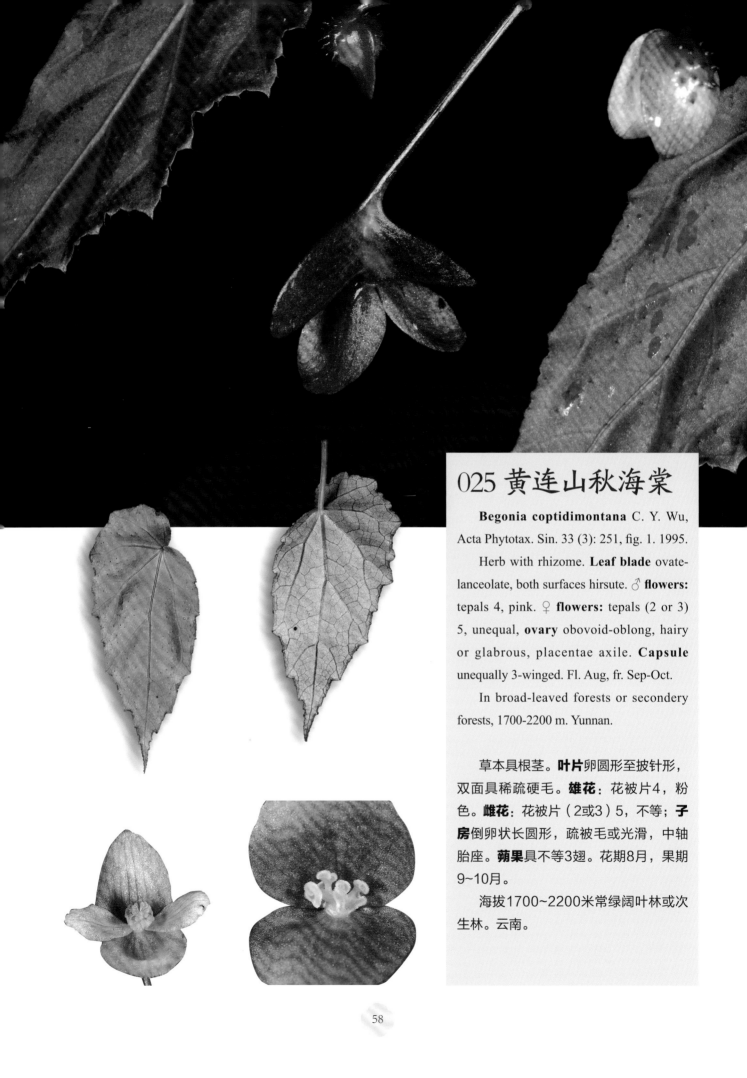

025 黄连山秋海棠

Begonia coptidimontana C. Y. Wu, Acta Phytotax. Sin. 33 (3): 251, fig. 1. 1995.

Herb with rhizome. **Leaf blade** ovate-lanceolate, both surfaces hirsute. ♂ **flowers:** tepals 4, pink. ♀ **flowers:** tepals (2 or 3) 5, unequal, **ovary** obovoid-oblong, hairy or glabrous, placentae axile. **Capsule** unequally 3-winged. Fl. Aug, fr. Sep-Oct.

In broad-leaved forests or secondery forests, 1700-2200 m. Yunnan.

草本具根茎。**叶片**卵圆形至披针形，双面具稀疏硬毛。**雄花**：花被片4，粉色。**雌花**：花被片（2或3）5，不等；**子房**倒卵状长圆形，疏被毛或光滑，中轴胎座。**蒴果**具不等3翅。花期8月，果期9~10月。

海拔1700~2200米常绿阔叶林或次生林。云南。

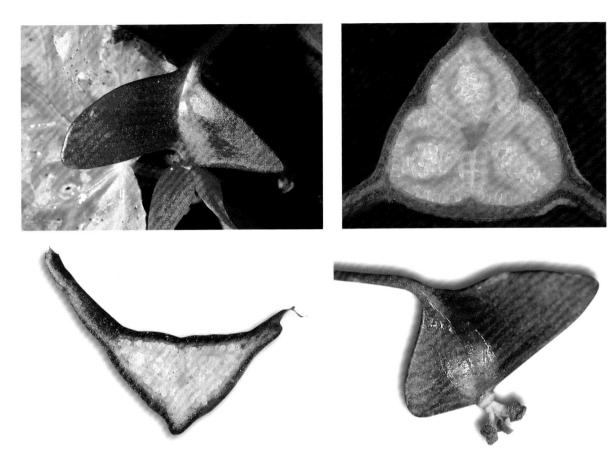

黄连山秋海棠的模式产地——黄连山国家级自然保护区
Type locality of *Begonia coptidimontana*:
Huanglianshan National Nature Reserve, Yunnan

026 水鸭脚

Begonia formosana (Hayata) Masam., J. Geobot. 9(3-4): t. 41. 1961.

Herb with rhizome. **Leaf blade** ovate to broadly ovate, abaxially sparsely scaberulous, adaxially subglabrous. ♂ **flowers:** tepals 4, white to pinkish, glabrous. ♀ **flowers:** tepals 5 or 6 (-10), unequal, obovate to broadly obovate, **ovary** glabrous, placentae axile. **Capsule** unequally 3-winged. Fl. Jun-Oct, fr. Aug.

In moist forests, 700-900 m. Taiwan. Ryukyu Islands.

草本具根茎。**叶片**卵圆形至阔卵形，正面无毛，背面疏被糙毛。**雄花**：花被片4，白色至淡粉色，无毛。**雌花**：花被片5或6 (~10)，不等，窄倒卵形至完全宽倒卵形；**子房**无毛，中轴胎座。**蒴果**具不等3翅。花期6~10月，果期8~12月。

海拔700~900米林下阴湿处。台湾；琉球群岛。

027 掌叶秋海棠

Begonia hemsleyana Hook. f., Curtis's Bot. Mag. 125: t. 7685. 1899.

Herb with rhizome. **Leaf blade** palmately compound, leaflets oblong-lanceolate, both sides sparsely hirsute. ♂ **flowers:** tepals 4, pink. ♀ **flowers:** tepals 5, unequal, **ovary** glabrous, placentae axile. **Capsule** obovoid-globose or ellipsoid, unequally 3-winged. Fl. Aug-Sep, fr. Oct-Dec.

In moist forests, 1000-1700 m. Guangxi, Yunnan. Vietnam.

草本具根茎。**叶片**掌状复叶，小叶长圆状披针形，两面疏被粗毛。**雄花**：花被片4，粉色。**雌花**：花被片5，不等；**子房**无毛，中轴胎座。**蒴果**倒卵形球状或椭圆状，具不等3翅。花期8~9月，果期10~12月。

海拔1000~1700米林下阴湿处。广西、云南；越南。

028 撕裂秋海棠

Begonia lacerata Irmsch., Mitt. Inst. Allg. Bot. Hamburg 10: 535. 1939.

Herb with rhizome. **Leaf blade** broadly ovate to suborbicular. ♂ **flowers:** tepals 4, pink. ♀ **flowers:** tepals 5, pink, **ovary** glabrous, placentae axile. **Capsule** unequally 3-winged. Fl. Jul, fr. Aug.

In forests, 1000-1900 m. SE Yunnan.

草本具根茎。**叶片**阔卵圆形至近圆。**雄花**：花被片4，粉色。**雌花**：花被片5，粉色；**子房**无毛，中轴胎座。**蒴果**具不等3翅。花期7月，果期8月。

海拔1000~1900米林下。云南东南部。

029 长叶秋海棠

Begonia longifolia Blume, Cat. Gew. Buitenzorg (Blume) 102. 1823.

——*Begonia crassirostris* Irmsch., Mitt. Inst. Allg. Bot. Hamburg 10: 513. 1939.

Herb with rhizome. **Leaf blade** lanceolate to broadly lanceolate, glabrous or subglabrous. ♂ **flowers:** tepals 4, white. ♀ **flowers:** tepals 6, white, subequal, broadly elliptic to orbicular, **ovary** glabrous, placentae axile. **Fruit** subglobose, wingless or 3-horned. Fl. Apr-May, fr. Jul.

In moist forests, 200-2200 m. South China. Bhutan, India, Laos, Myanmar, Thailand, Vietnam, Indonesia, Malaysia.

草本具根茎。**叶片**披针形，无毛或近无毛。**雄花**：花被片4，白色。**雌花**：花被片6，白色，近等，宽椭圆形至圆形；**子房**无毛，中轴胎座。**果**近球状，无翅或具3角。花期4~5月，果期7月。

海拔200~2200米林下阴湿处。中国南方各省区；不丹、印度、老挝、缅甸、泰国、越南、印度尼西亚、马来西亚。

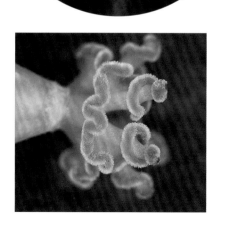

67

030 蒙自秋海棠

Begonia mengtzeana Irmsch., Mitt. Inst. Allg. Bot. Hamburg 10: 536. 1939.

Herb with rhizome. **Leaf blade** ovate or broadly ovate, sparsely hispidulous. ♂ **flowers:** tepals 4, white. ♀ **flowers:** tepals 5, white, unequal, **ovary** oblate-obovoid, densely villous, placentae axile. **Capsule** unequally 3-winged. Fl. Oct-Nov, fr. Dec.

In moist forests, 1700-2500 m. S Yunnan.

草本具根茎。**叶片**卵圆形或宽卵形，疏被短硬毛。**雄花**：花被片4，白色。**雌花**：花被片5，白色，不等；**子房**扁倒卵状，密被长柔毛，中轴胎座。**蒴果**具不等3翅。花期10~11月，果期12月。

海拔1700~2500米森林下阴湿处。云南南部。

031 红孩儿

Begonia palmata D. Don var. **bowringiana** (Champ. ex Benth.) J. Golding & C. Kareg., Phytologia 54: 494. 1984.

Herb with rhizome. **Leaf blade** obliquely ovate, adaxially densely hispidulous, abaxially tomentose on veins. ♂ **flowers:** tepals 4, white to pink. ♀ **flowers:** tepals 5, unequal, oblanceolate to orbicular, **ovary** brown tomentose or villous, placentae axile. **Capsule** obovoid, unequally 3-winged. Fl. Jun-Nov, fr. Jul-Dec.

In evergreen broad-leaved forests, or in valleys, 100-2500 m. Fujian, Guangdong, Guangxi, Guizhou, Hainan, Hunan, Jiangxi, Sichuan, Taiwan, Xizang, Yunnan.

草本具根茎。**叶片**常斜卵形，正面密被硬毛，背面沿脉密被绒毛。**雄花**：花被片4，白色至粉色。**雌花**：花被片5，不等，倒披针形至圆形；**子房**被褐色绒毛或长柔毛，中轴胎座。**蒴果**倒卵状，具不等3翅。花期6~11月，果期7~12月。

海拔100~2500米常绿阔叶林或山谷中。福建、广东、广西、贵州、海南、湖南、江西、四川、台湾、西藏、云南等省区。

032 赤车叶秋海棠

Begonia pellionioides Y. M. Shui & W. H. Chen, Pl. Diversity Resources 37(5): 564. 2015.

Herb with rhizome. **Leaf blade** eliptic-lanceolate to lanceolate, adaxially glabrous, abaxially short hairs. ♂ **flowers:** tepals 4, dark red. ♀ **flowers:** tepals 5, dark red, ovate or broadly ovate, spiny-pilose on abaxial surface, **ovary** glabrous, placentae axile. **Capsule** elliptic, red, equailly or slightly unequally 3-winged. Fl. Jul-Aug, fr. Aug-Sep.

In evergreen broad-leaved forests on limestone mountain slopes, 910 m. SE Yunnan.

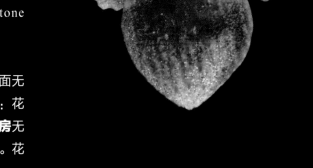

　　草本具根茎。**叶片**椭圆状披针形至披针形，正面无毛，背面具短毛。**雄花**：花被片4，深红色。**雌花**：花被片5，深红色，卵形或宽卵形，背面有硬毛；**子房**无毛，中轴胎座。**蒴果**椭圆状，红色，具近相等3翅。花期7~8月，果期8~9月。

　　海拔910米阔叶林石灰岩山坡林下。云南东南部。

033 紫叶秋海棠

Begonia purpureofolia S. H. Huang & Y. M. Shui, Acta Bot. Yunnan. 16 (4): 340. 1994.

Herb with rhizome. **Leaf blade** ovate-triangular, densely hairy. ♂ **flowers:** tepals 4, pink. ♀ **flowers:** tepals 5, pink, broadly ovate to oblong, unequal. **ovary** densely villous, placentae axile. **Capsule** unequally 3-winged. Fl. Oct-Nov, fr. Dec-Jan of next year.

In forests, 900-1700 m. Yunnan.

草本具根茎。**叶片**卵状三角形，具毛。**雄花**：花被片4，粉色。**雌花**：花被片5，粉色，宽卵形至长圆形，不等；**子房**密被长柔毛，中轴胎座。**蒴果**具不等3翅。花期10~11月，果期12月至次年1月。

海拔900~1700米林下。云南。

75

034 锡金秋海棠

Begonia sikkimensis A. DC., Ann. Sci. Nat. Bot. ser 4,
11: 134. 1859.

Herb with rhizome. **Leaf blade** suborbicular, glabrous.
♂ **flowers:** tepals 4, pink. ♀ **flowers:** tepals 5,
unequal, **ovary** glabrous, placentae axile. **Capsule**
obovoid-oblong, unequally 3-winged. Fl. Aug-Sep,
fr. Dec-Jan of next year.

In evergreen broad-leaved forests or roadsides,
800-1600 m. SE Xizang. Bhutan, India, Myanmar,
Nepal.

草本具根茎。**叶片**近圆形，无毛。**雄花**：
花被片4，粉色。**雌花**：花被片5，不等；**子房**
无毛，中轴胎座。**蒴果**倒卵状长圆形，具不等
3翅。花期8~9月，果期12月至次年1月。

海拔800~1600米常绿阔叶林中或路边。
西藏东南部；不丹、印度、缅甸、尼泊尔。

王文广 / 摄

035 多花秋海棠

Begonia sinofloribunda Dorr, Harvard Pap. Bot. 4 (1): 265. 1999.

——*Begonia floribunda* T. C. Ku, Acta Phytotax. Sin. 35 (1): 48, fig. 29. 1997; not Carrière (1875).

Herb with rhizome. **Leaf blade** peltate, oblong-lanceolate, glabrous. ♂ **flowers:** tepals 2, yellowish green, orbicular. ♀ **flowers:** tepals 2 or 3, yellowish green, broadly ovate, **ovary** oblong, glabrous, placentae axile. **Capsule** oblong-ovoid, unequally 3-winged. Fl. Jul, fr. Aug.

On rocks of limestone forests, 200 m. Guangxi.

草本具根茎。**叶片**浅盾状，长圆状披针形，无毛。**雄花**：花被片2，黄绿色，圆形。**雌花**：花被片2或3，黄绿色，宽卵形；**子房**椭圆状，无毛，中轴胎座。**蒴果**狭卵状，具不等3翅。花期7月，果期8月。

海拔200米石灰岩林下石上。广西。

036 近长柄秋海棠

Begonia sublongipes Y. M. Shui, Acta Bot. Yunnan. 26 (5): 484, fig. 1. 2004.

Herb with rhizome. **Leaf blade** ovate-elliptic, adaxially pubescent, abaxially glabrous. ♂ **flowers:** tepals 2-4. ♀ **flowers:** tepals 4, pink, placentae axile. **Capsule** oblong, 3-winged. Fl. Jul-Aug, fr. Aug-Sep.

In forests, 200-800 m. Hainan.

草本具根茎。**叶片**卵状椭圆形,正面脉上有柔毛,背面无毛。**雄花**:花被片2~4。**雌花**:花被片4,粉色;中轴胎座。**蒴果**长圆形,具3翅。花期7~8月,果期8~9月。

海拔200~800米林下。海南。

5

根茎匍匐+直立茎

rhizomes creeping
& stems erect

037 点叶秋海棠

Begonia alveolata Yu, Bull. Fan Mem. Inst. Biol. Bot. ser. 1 (2): 121. 1948.

Herb with rhizome. **Leaf blade** ovate, adaxially sparsely hirsute, abaxially densely papillose, subglabrous. ♂ **flowers:** tepals 4, pinkish, glabrous. ♀ **flowers:** tepals 3-5, subequal, glabrous, **ovary** glabrous or hairy, placentae axile. **Capsule** unequally 3-winged. Fl. Nov, fr. Dec.

In moist forests, 1000-1500 m. Yunnan . Vietnam.

草本具根茎。**叶片**卵形，正面疏被粗毛，背面近无毛多疣状突起。**雄花**：花被片4，淡粉色，无毛。**雌花**：花被片3~5，几乎相等，无毛；**子房**无毛或被毛，中轴胎座。**蒴果**具不等3翅。花期11月，果期12月。

海拔1000~1500米林下阴湿处。云南；越南。

038 海南秋海棠

Begonia hainanensis Chun & F. Chun, Sunyatsenia 4: 20, Pl. 8, fig. 4. 1939.

Herb with rhizome. **Leaf blade** elliptic-oblong, adaxially glabrous, abaxially sparsely hirsute. ♂ **flowers:** tepals 4, white, with reddish veins, glabrous. ♀ **flowers:** tepals 5, glabrous, unequal, **ovary** glabrous, placentae axile. **Capsule** oblong, equally 3-winged. Fl. Apr, fr. May-Jun.

In forests, 1000 m. Hainan.

草本具根茎。**叶片**椭圆状长圆形，正面无毛，背面疏被粗毛。**雄花**：花被片4，白色，无毛。**雌花**：花被片5，无毛，不等；**子房**无毛，中轴胎座。**蒴果**椭圆状，具相等3翅。花期4月，果期5~6月。

海拔1000米林下。海南。

039 膜果秋海棠

Begonia hymenocarpa C. Y. Wu, Acta Phytotax. Sin. 33 (3): 256, fig. 5. 1995.

Herb with rhizome. **Leaf blade** narrowly ovate, sparsely hispidulous. ♂ **flowers:** tepals 4, pink. ♀ **flowers:** tepals 4-5, unequal, glabrous or abaxially hairy, **ovary** glabrous, placentae axile. **Capsule** unequally 3-winged. Fl. Jul-Aug, fr. Sep.

At moist forest margins, 500-900 m. Guangxi.

草本具根茎。**叶片**窄卵圆形，被稀疏短硬毛。**雄花**：花被片4，粉色。**雌花**：花被片4~5，不等，无毛或背面具毛；**子房**无毛，中轴胎座。**蒴果**具不等3翅。花期7~8月，果期9月。

海拔500~900米林缘阴湿处。广西。

谭运洪／摄

040 云南秋海棠

Begonia modestiflora Kurz, Flora. 54: 296. 1871.

——*Begonia yunnanensis* H.Lév., Repert. Spec. Nov. Regni Veg. 7: 20. 1909.

Herb deciduous with tuber. **Leaf blade** triangular, both surfaces glabrous. ♂ **flowers:** tepals 4, pink. ♀ **flowers:** tepals 5, unequal, **ovary** glabrous, placentae axile. **Capsule** unequally 3-winged. Fl. Aug, fr. Sep.

Shaded moist environments in forests, 500-1400 m. Yunnan. India, Nepal, Myanmar, Thailand.

草本落叶具球茎。**叶片**三角形，两面无毛。**雄花**：花被片4，粉色。**雌花**：花被片5，不等；**子房**无毛，中轴胎座。**蒴果**具不等3翅。花期8月，果期9月。

海拔500~1400米森林阴湿处。云南；印度、尼泊尔、缅甸、泰国。

谭运洪 / 摄

谭运洪 / 摄

谭运洪 / 摄

谭运洪 / 摄

谭运洪 / 摄

谭运洪 / 摄

谭运洪 / 摄

041 桑叶秋海棠

Begonia morifolia Yu, Bull. Fan Mem. Inst. Biol. Bot. ser. 1(2): 119. 1948.

Herb with rhizome. **Leaf blade** ovate or narrowly ovate, sparsely hispidulous. ♂ **flowers:** tepals 4 (or 5), pink, hairy. ♀ **flowers:** tepals 5, hairy, **ovary** pubescent, placentae axile. **Capsule** oblong, unequally 3-winged. Fl. Oct-Nov, fr. Dec.

In moist forests, 1300-1600 m. Yunnan.

草本具根茎。**叶片**卵圆形或窄卵圆形，被稀疏短硬毛。**雄花**：花被片4（或5），粉色，具毛。**雌花**：花被片5，具毛；**子房**被柔毛，中轴胎座。**蒴果**长圆状，具不等3翅。花期10~11月，果期12月。

海拔1300~1600米林下阴湿处。云南。

042 屏边秋海棠

Begonia pingbienensis C. Y. Wu, Acta Phytotax. Sin. 33(3): 258. 1995.

Herb with rhizome. **Leaf blade** broadly ovate, adaxially sparsely shortly hisdidous. ♂ **flowers:** tepals 4, rose. ♀ **flowers:** tepals 4, rose, **ovary** pink, placentae axile. **Capsule** hirsute. Fl. Aug-Nov, fr. Sep-Dec.

In moist forests, 1400-1800 m. SE Yunnan.

草本具根茎。**叶片**宽卵形，正面疏被短硬毛。**雄花**：花被片4，粉红色。**雌花**：花被片4，粉红色；**子房**粉色，中轴胎座。**蒴果**具硬毛。花期8~11月，果期9~12月。

海拔1400~1800米林下阴湿处。云南东南部。

043 多毛秋海棠

Begonia polytricha C. Y. Wu, Acta
Phytotax. Sin. 33 (3): 275, fig. 21. 1995.

Herb with rhizome. **Leaf blade** ovate,
adaxially hirsute, abaxially sparsely
hispidulous. ♂ **flowers**: tepals 4. ♀ **flowers**:
tepals 5, orbicular to narrowly oblong, **ovary**
densely hirsute, placentae axile. **Capsule**
densely hirsute, unequally 3-winged. Fl. Oct,
fr. Nov-Dec.

On moist slopes of evergreen broad-
leaved forests, 1700-2200 m. Yunnan.

草本具根茎。**叶片**卵圆形，正面多长
毛，背面疏被硬毛。**雄花**：花被片4。**雌
花**：花被片5，圆形至窄长圆形；**子房**密
被硬毛，中轴胎座。**蒴果**密被长硬毛，具
不等3翅。花期10月，果期11~12月。

海拔1700~2200米常绿阔叶林山坡
上阴湿处。云南。

044 匍茎秋海棠

Begonia repenticaulis Irmsch., Mitt. Inst. Allg. Bot. Hamburg 10: 547, Pl. 16. 1939.

Herb with rhizome. **Leaf blade** broadly ovate or suborbicular. ♂ **flowers:** tepals 4, white. ♀ **flowers:** tepals 5, white, **ovary** hirsute, placentae axile. **Capsule** ellipsoid, hirsute, unequally 3-winged. Fl. Jul-Aug, fr. Aug-Sep.

In moist forests. Yunnan (between Tengchong and Dali).

草本具根茎。**叶片**阔卵圆形或近圆形。**雄花**：花被片4，白色。**雌花**：花被片5，白色；**子房**被硬毛，中轴胎座。**蒴果**椭圆状，被硬毛，具不等3翅。花期7~8月，果期8~9月。

林下潮湿处。云南腾冲和大理之间。

045 长毛秋海棠

Begonia villifolia Irmsch., Not. Roy. Bot. Gard. Edinburgh 21 (1): 43, 1951.

Herb with rhizome. **Leaf blade** broadly ovate to ovate, densely villous. ♂ **flowers:** tepals 4, white. ♀ **flowers:** tepals 5, subequal, variable in shape, abaxially villous, **ovary** densely villous, placentae axile. **Capsule** ellipsoid, unequally 3-winged. Fl. May-Jul, fr. Jul.

In forests or ravine, 1100-1700 m. SE Yunnan. Myanmar, Vietnam.

草本具根茎。**叶片**宽卵圆形至卵圆形，长柔毛。**雄花**：花被片4，白色。**雌花**：花被片5，近相等，背面具长柔毛；**子房**密被长柔毛，中轴胎座。**蒴果**椭圆状，具不等3翅。花期5~7月，果期7月。

海拔1100~1700米山谷或林下。云南东南部；缅甸、越南。

046 文山秋海棠

Begonia wenshanensis C. M. Hu ex C. Y. Wu & T. C. Ku, Acta Phytotax. Sin. 33 (3): 262, fig. 10. 1995.

Herb with rhizome. **Leaf blade** triangular-ovate, adaxially sparsely hispidulous, abaxially glabrous. ♂ **flowers:** tepals 4, pinkish. ♀ **flowers:** tepals 3, pinkish, unequal, **ovary** glabrous, placentae axile. **Capsule** ellipsoid, unequally 3-winged. Fl. Jul-Aug, fr. Aug.

In evergreen broad-leaved forests, 1400-2200 m. Yunnan.

草本具根茎。**叶片**三角状卵圆形，正面疏被硬毛，背面无毛。**雄花**：花被片4，淡粉色。**雌花**：花被片3，淡粉色，不等；**子房**无毛，中轴胎座。**蒴果**椭圆状，具不等3翅。花期7~8月，果期8月。

海拔1400~2200米常绿阔叶林下。云南。

6

根茎强健+生花茎

rhizomes stout &
flower stems

047 歪叶秋海棠

Begonia augustinei Hemsl., Gard. Chron 3 (28): 286. 1900.

Herb with rhizome. **Leaf blade** ovate to broadly ovate, adaxially densely hirsute, abaxially villous. ♂ **flowers:** tepals 4, pinkish. ♀ **flowers:** tepals 5, **ovary** sparsely pilose, placentae axile. **Capsule** unequally 3-winged. Fl. Jun-Sep, fr. Aug-Oct.

In forests, 1000-1800 m. Yunnan.

草本具根茎。**叶片**卵形至宽卵形，正面密被硬毛，背面具长柔毛。**雄花：**花被片4，淡粉色。**雌花：**花被片5；**子房**疏被柔毛，中轴胎座。**蒴果**具不等3翅。花期6~9月，果期8~10月。

海拔1000~1800米林下。云南。

谭运洪 / 摄

谭运洪 / 摄

谭运洪 / 摄

谭运洪 / 摄

048 金平秋海棠

Begonia baviensis Gagnep., Bull. Mus. Hist. Nat. Paris 25: 195. 1919.

Herb with rhizome. **Leaf blade** oblate-orbicular or suborbicular, both surfaces sparsely red hirsute. ♂ **flowers:** tepals 4. ♀ **flowers:** tepals 5, unequal, ovate, abaxially villous, **ovary** rusty villous, placentae axile. **Capsule** rusty villous, unequally 3-winged. Fl. Apr, fr. May-Jun.

In forests or at margins, 400-800 m. Yunnan. Vietnam.

草本具根茎。**叶片**圆形或近圆形，两面具稀疏硬毛。**雄花:** 花被片4。**雌花:** 花被片5，不等，卵圆形，背面被长柔毛；**子房**被锈色长柔毛，中轴胎座。**蒴果**被锈色长柔毛，具不等3翅。花期4月，果期5~6月。

海拔400~800米林下或林缘。云南；越南。

049 周裂秋海棠

Begonia circumlobata Hance, Journ. of Bot. 21: 203. 1883.

Herb with rhizome. **Leaf blade** broadly ovate, sparsely hispidulous or strigose. ♂ **flowers:** tepals 4, white to pink. ♀ **flowers:** tepals 5, unequal, **ovary** pilose, placentae axile. **Capsule** obovoid, unequally 3-winged. Fl. Jun, fr. Jul.

In moist forests, 200-1100 m. Fujian, Guangdong, Guangxi, Guizhou, Hubei, Hunan.

草本具根茎。**叶片**宽卵形，被稀疏短硬毛或糙毛。**雄花：**花被片4，白色至粉色。**雌花：**花被片5，不等；**子房**被柔毛，中轴胎座。**蒴果**倒卵状，具不等3翅。花期6月，果期7月。

海拔200~1100米林下阴湿处。福建、广东、广西、贵州、湖北、湖南。

陈世品 / 摄

陈炳华 / 摄

陈翔尤 / 摄

050 厚叶秋海棠

Begonia dryadis Irmsch., Not. Roy. Bot. Gard. Edinburgh 21 (1): 41. 1951.

Herb with rhizome. **Leaf blade** ovate or broadly ovate, adaxially subglabrous, abaxially sparsely puberulous. ♂ **flowers:** tepals 4, pink. ♀ **flowers:** tepals 5 or 6, **ovary** puberulous, placentae axile. **Capsule** ellipsoid, unequally 3-winged. Fl. Nov-Dec, fr. Dec.

In forest, 600-1200 m. Yunnan.

草本具根茎。**叶片**卵圆形或宽卵形，正面近无毛，背面疏被短柔毛。**雄花：** 花被片4，粉色。**雌花：** 花被片5或6；**子房**被微柔毛，中轴胎座。**蒴果**椭圆状，具不等3翅。花期11~12月，果期12月。

海拔600~1200米林下。云南。

051 食用秋海棠

Begonia edulis H.Lév., Repert. Spec. Nov. Regni Veg. 7: 20. 1909.

Herb with rhizome. **Leaf blade** orbicular, adaxially sparsely hairy, abaxially subglabrous. ♂ **flowers:** tepals 4, glabrous. ♀ **flowers:** tepals 5 or 6, glabrous, unequal, **ovary** glabrous, placentae axile. **Capsule** unequally 3-winged. Fl. Jun-Sep, fr. Aug-Oct.

In forests, 500-1500 m. Guangdong, Guangxi, Yunnan. Vietnam.

草本具根茎。**叶片**圆形,正面疏被毛,背面近无毛。**雄花:**花被片4,无毛。**雌花:**花被片5或6,无毛,不等;**子房**无毛,中轴胎座。**蒴果**具不等3翅。花期6~9月,果期8~10月。

海拔500~1500米林下。广东、广西、云南;越南。

郭治友 / 摄

王文广/摄

052 河口秋海棠

Begonia hekouensis S. H. Huang, Acta Bot. Yunnan. 21 (1): 21. 1999.

——*Begonia gesnerioides* S. H. Huang & Y. M. Shui, Acta Bot. Yunnan. 16 (4): 341. 1994; not L. B. Smith & B. G. Schubert, 1941.

Herb with rhizome. **Leaf blade** ovate or broadly elliptic, adaxially hispidulous, abaxially appressed hairy. ♂ **flowers:** tepals 4, orange-red. ♀ **flowers:** tepals 5, unequal, largest broadly ovate, outside purplish brown villous, **ovary** densely villous, placentae axile. **Capsule** ovoid-oblong, unequally 3-winged. Fl. Jul-Sep, fr. Sep-Oct.

In limestone forest, 200-500 m. Yunnan.

草本具根茎。**叶片**卵圆形或阔椭圆形，正面具硬毛，背面具贴伏毛。**雄花：**花被片4，橙红色。**雌花：**花被片5，不等；**子房**被长绒毛，中轴胎座。**蒴果**卵状长圆形，具不等3翅。花期7~9月，果期9~10月。

海拔200~500米石灰岩山林下。云南。

053 长翅秋海棠

Begonia longialata K. Y. Guan & D. K. Tian, Acta Bot. Yunnan. 22 (2): 132. 2000.

Herb with rhizome. **Leaf blade** suborbicular, glabrous. ♂ **flowers:** tepals 4, white to pink, glabrous. ♀ **flowers:** tepals 4-5, white to pink, unequal, **ovary** brownish red, placentae axile. **Capsule** obovoid, unequally 3-winged. Fl. Jul-Dec, fr. Oct-Feb of next year.

Rocky slopes, ca. 900 m. SW Yunnan.

草本具根茎。**叶片**近圆形，两面无毛。**雄花：**花被片4，白色至粉色，无毛。**雌花：**花被片4~5，白色至粉色，不等；**子房**褐红色，中轴胎座。**蒴果**倒卵状，具不等3翅。花期7~12月，果期10月至次年2月。

海拔900米岩石坡。云南西南。

李智宏 / 摄

054 大裂秋海棠

Begonia macrotoma Irmsch., Not. Roy. Bot. Gard. Edinburgh 21 (1): 41. 1951.

Herb with rhizome. **Leaf blade** oblong, adaxially sparsely hirsute, abaxially glabrous. ♂ **flowers:** tepals 4, pink. ♀ **flowers:** tepals 3-5, **ovary** obovoid, placentae axile. **Capsule** obovoid-oblong, unequally 3-winged. Fl. Aug, fr. Sep.

In forests, 1200-1500 m. Yunnan. India, Nepal, Vietnam.

草本具根茎。**叶片**长圆形，正面疏被硬毛，背面无毛。**雄花：**花被片4，粉色。**雌花：**花被片3~5；**子房**倒卵状，中轴胎座。**蒴果**倒椭圆状，具不等3翅。花期8月，果期9月。

海拔1200~1500米林下。云南；印度、尼泊尔、越南。

055 奇异秋海棠

Begonia miranda Irmsch., Not. Roy. Bot. Gard. Edinburgh 21: 36. 1951.

Herb with rhizome. **Leaf blade** ovate to suborbicula, both sides hispidulous. ♂ **flowers:** tepals 4, pink. ♀ **flowers:** tepals 6, **ovary** subglabrous, placentae axile. **Capsule** ovoid-oblong, unequally 3-winged. Fl. Oct, fr. Nov.

In moist forests, 1200-1600 m. Yunnan.

草本具根茎。**叶片**卵圆形至近圆形,两面具硬毛。**雄花:** 花被片4,粉色。**雌花:** 花被片6;**子房**近无毛,中轴胎座。**蒴果**卵状长圆形,具不等3翅。花期10月,果期11月。

海拔1200~1600米林下阴湿处。云南。

114

056 细裂秋海棠

Begonia pedatifida H.Lév., Repert. Spec. Nov. Regni Veg. 7: 21. 1909.

Herb with rhizome. **Leaf blade** orbicular to broadly ovate, both sides hispidulous. ♂ **flowers:** tepals 4, white to pinkish. ♀ **flowers:** tepals 5, white to pink, unequal, **ovary** glabrous or pilose, placentae axile. **Capsule** obovoid, unequally 3-winged. Fl. Jan-Jul, fr. Oct.

In moist forests, 300-1700 m. Guizhou, Hubei, Hunan, Sichuan, Yunnan.

草本具根茎。**叶片**圆形至宽卵形，两面具硬毛。**雄花:** 花被片4，白色至淡粉色。**雌花:** 花被片5，白色至粉色，不等；**子房**无毛或被柔毛，中轴胎座。**蒴果**倒卵状，具不等3翅。花期1~7月，果期10月。

海拔300~1700米林下阴湿处。贵州、湖北、湖南、四川、云南。

115

057 光滑秋海棠

Begonia psilophylla Irmsch., Not. Roy. Bot. Gard. Edinburgh 21 (1): 39. 1951.

Herb with rhizome. **Leaf blade** ovate-cordate, glabrous. ♂ **flowers:** tepals 4, pink to dark red-brown. ♀ **flowers:** tepals 5-6, subequal, oval, **ovary** glabrous, placentae axile. **Capsule** ellipsoid, unequally 3-winged. Fl. Feb, fr. Mar-Apr.

On rocks of limestone forests or margins, 100-700 m. Yunnan.

草本具根茎。**叶片**卵状心形,无毛。**雄花:** 花被片4,粉色至红褐色。**雌花:** 花被片5~6,近相等,卵形;**子房**无毛,中轴胎座。**蒴果**椭圆状,具不等3翅。花期2月,果期3~4月。

海拔100~700米石灰岩林下或林缘石上。云南。

058 秀丽秋海棠

Begonia pulchrifolia D. K. Tian & Ce H. Li, Phytotaxa 207(3): 244. 2015.

Herb with rhizome. **Leaf blade** nearly oval, both sides sparsely short hairy. ♂ **flowers:** tepals 4. ♀ **flowers:** tepals 5, nearly ovate, glabrous, upper pink, lower nearly white, **ovary** 3-loculed, placentae axile. **Capsule** ovoid, glabrous, unequally 3-winged. Fl. Jul-Sep, fr. Aug-Nov.

On hilly slopes in forests, 800-1420 m. Sichuan.

草本具根茎。**叶片**近卵形，两面疏被短毛。**雄花：**花被片4。**雌花：**花被片5，近卵形，无毛，上部粉色，基部近白色；**子房**3室，中轴胎座。**蒴果**卵圆状，无毛，具不等3翅。花期7~9月，果期8~11月。

海拔800~1420米山坡林下。四川。

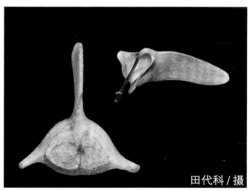

田代科 / 摄

田代科 / 摄

田代科 / 摄

田代科 / 摄

田代科 / 摄

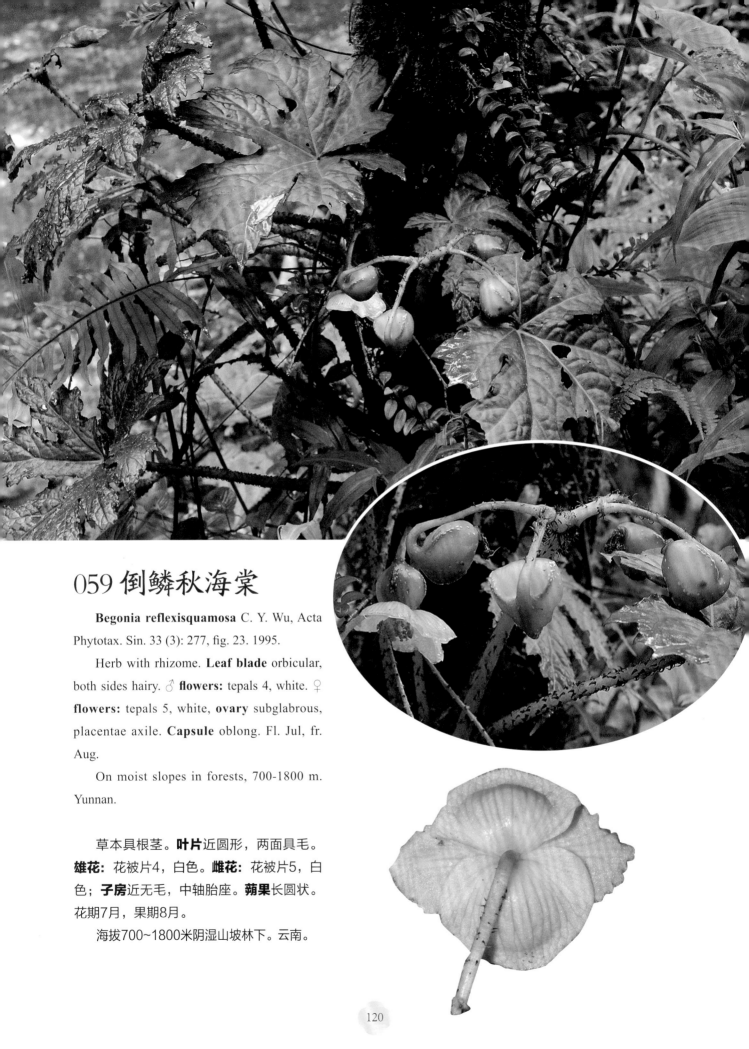

059 倒鳞秋海棠

Begonia reflexisquamosa C. Y. Wu, Acta Phytotax. Sin. 33 (3): 277, fig. 23. 1995.

Herb with rhizome. **Leaf blade** orbicular, both sides hairy. ♂ **flowers:** tepals 4, white. ♀ **flowers:** tepals 5, white, **ovary** subglabrous, placentae axile. **Capsule** oblong. Fl. Jul, fr. Aug.

On moist slopes in forests, 700-1800 m. Yunnan.

草本具根茎。**叶片**近圆形，两面具毛。**雄花：**花被片4，白色。**雌花：**花被片5，白色；**子房**近无毛，中轴胎座。**蒴果**长圆状。花期7月，果期8月。

海拔700~1800米阴湿山坡林下。云南。

060 粉叶秋海棠

Begonia subhowii S. H. Huang, Acta Bot. Yunnan. 21 (1): 20. 1999.

Herb with rhizome. **Leaf blade** ovate, glabrous. ♂ **flowers:** tepals 4, white to pinkish. ♀ **flowers:** tepals 5, white to pinkish, unequal, broadly ovate to broadly elliptic, **ovary** glabrous, placentae axile. **Capsule** unequally 3-winged. Fl. Apr-May, fr. May-Jun.

On rocks in limestone forests, 700-1500 m. Yunnan. Vietnam.

草本具根茎。**叶片**斜卵圆形，无毛。**雄花：**花被片4，白色或淡粉色。**雌花：**花被片5，白色至淡粉色，不等，宽卵形至宽椭圆形；**子房**无毛，中轴胎座。**蒴果**具不等3翅。花期4~5月，果期5~6月。

海拔700~1500米石灰岩林下石上。云南；越南。

061 四裂秋海棠

Begonia tetralobata Y. M. Shui, Ann. Bot. Fennici. 44 (1): 76, fig. 1. 2007.

Herb with rhizome. **Leaf blade** widely ovate, glabrous. ♂ **flowers:** tepals 4, white, pink or red. ♀ **flowers:** tepals 5, white, subequal, oblong or oblong-obovate, **ovary** glabrous, placentae axile. **Capsule** unequally 3-winged. Fl. Oct-Dec, fr. Dec-Mar of next year.

On rocks in limestone forests or margins, 800-1600 m. Yunnan.

草本具根茎。**叶片**宽卵圆形，无毛。**雄花：**花被片4，白色、粉色或红色。**雌花：**花被片5，白色，近等，长圆形或长圆状倒卵形；**子房**无毛，中轴胎座。**蒴果**具不等3翅。花期10~12月，果期12月至次年3月。

海拔800~1600米石灰岩林下或林缘石上。云南。

062 截叶秋海棠

Begonia truncatiloba Irmsch., Mitt. Inst. Allg. Bot. Hamburg 10: 534. 1939.

Herb with rhizome. **Leaf blade** ovate or oblate-orbicular, densely hairy. ♂ **flowers:** tepals 4, white. ♀ **flowers:** tepals 5, white, unequal, **ovary** glabrous or hairy, placentae axile. **Capsule** oblong-elliptic, unequally 3-winged. Fl. May, fr. Jun.

In moist forests, 1000-1600 m. Yunnan.

草本具根茎。**叶片**卵形或圆形，密被毛。**雄花：**花被片4，白色。**雌花：**花被片5，白色，不等；**子房**无毛或被毛，中轴胎座。**蒴果**长椭圆状，具不等3翅。花期5月，果期6月。

海拔1000~1600米林下阴湿处。云南。

7

根茎强健+无生花茎

rhizomes stout &
flower stems absent

063 昌感秋海棠

Begonia cavaleriei H.Lév., Repert. Spec. Nov. Regni Veg. 7: 20. 1909.

——*Begonia. nymphaeifolia* T. T. Yü, Bull. Fan Mem. Inst. Biology new ser. 1 (2): 127. 1948.

Herb with rhizome. **Leaf blade** peltate, ovate or broadly elliptic, glabrous. ♂ **flowers:** tepals 4, white to pinkish. ♀ **flowers:** tepals 3, **ovary** oblong, glabrous, placentae axile. **Capsule** oblong, unequally 3-winged. Fl. May-Jul, fr. Jul.

In limestone forests, 700-1800 m. Guangxi, Guizhou, Yunnan. Vietnam.

草本具根茎。**叶片**盾状，卵圆形或阔椭圆形，无毛。**雄花：**花被片4，白色至淡粉色。**雌花：**花被片3；**子房**椭圆状，无毛，中轴胎座。**蒴果**长圆状，具不等3翅。花期5~7月，果期7月。

海拔700~1800米石灰岩林下。广西、贵州、云南；越南。

128

郭治友 / 摄

昌感秋海棠的生境——贵州茂兰国家级自然保护区
Locality of *Begonia cavaleriei*:
Maolan National Nature Reserve, Guizhou

064 橙花秋海棠

Begonia crocea C. I Peng, Bot. Stud. 47: 89. 2006.

Herb with rhizome. **Leaf blade** broadly ovate. ♂ **flowers:** tepals 4, orange-red, glabrous. ♀ **flowers:** tepals 5, orange-red, glabrous, subequal, obovate, **ovary** ellipsoid, glabrous, placentae axile. **Capsule** unequally 3-winged. Fl. Jun-Jul, fr. Jul-Aug.

In forests, ca. 1200 m. S Yunnan.

草本具根茎。**叶片**阔卵圆形。**雄花：**花被片4，橙红色，无毛。**雌花：**花被片5，橙红色，无毛，近等，倒卵形；**子房**椭圆状，无毛，中轴胎座。**蒴果**具不等3翅。花期6~7月，果期7~8月。

海拔约1200米林下。云南南部。

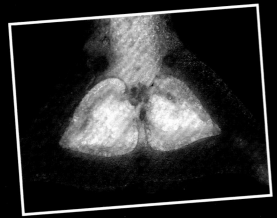

065 峨眉秋海棠

Begonia emeiensis C. M. Hu ex C. Y. Wu & T. C. Ku, Acta Phytotax. Sin. 33 (3): 273, fig. 19. 1995.

Herb with rhizome. **Leaf blade** ovate-oblong, both sides subglabrous. ♂ **flowers:** tepals 4. ♀ **flowers:** tepals 5 or 6, unequal, **ovary** oblong or obovoid, glabrous. **Capsule** glabrous, unequally 3-winged. Fl. Jul-Aug, fr. Sep.

In forests or on roadsides, 900-1000 m. Sichuan.

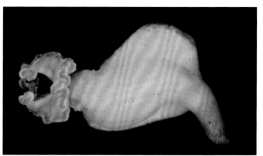
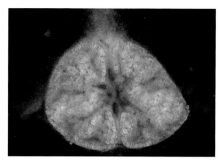

草本具根茎。**叶片**卵状长圆形，两面近无毛或疏被短硬毛。**雄花：** 花被片4。**雌花：** 花被片5或6，不等；**子房**椭圆状或倒卵状，无毛。**蒴果**无毛，具不等3翅。花期7~8月，果期9月。

海拔900~1000米林下或路边。四川。

066 兰屿秋海棠

Begonia fenicis Merr., Philipp. Journ. Sci. Bot. 3
(1): 421. 1908.

Herb with rhizome. **Leaf blade** ovate to orbicular,
glabrous. ♂ **flowers:** tepals 4. ♀ **flowers:** tepals
5 or 6, unequal, oblanceolate to broadly obovate,
ovary glabrous, placentae axile. **Capsule** unequally
3-winged. Fl. May-Oct, fr. Jun-Nov.

At forest margins by seashores, 100 m. Taiwan.
Japan, Philippines.

草本具根茎。**叶片**宽卵形至圆形，无毛。**雄
花:** 花被片4。**雌花:** 花被片5或6，不等大，倒披
针形至宽倒卵形；**子房**无毛，中轴胎座。**蒴果**具
不等3翅。花期5~10月，果期6~11月。

海拔100米海岸林缘。台湾；日本、菲律宾。

067 丝形秋海棠

Begonia filiformis Irmsch., Mitt. Inst. Allg. Bot. Hamburg 10:521. 1939.

Herb with rhizome. **Leaf blade** ovate to suborbicula, adaxially tomentose, abaxially villous. ♂ **flowers:** tepals 4. ♀ **flowers:** tepals 3, **ovary** ellipsoid, glandular hispid, placentae parietal. **Capsule** unequally 3-winged. Fl. Mar-Jun, fr. May-Jul.

At limestone margins, 200-800 m. Guangxi.

草本具根茎。**叶片**斜卵圆形至近圆形，正面被长绒毛，背面具长毛。**雄花：**花被片4。**雌花：**花被片3；**子房**椭圆状，具腺毛，侧膜胎座。**蒴果**具不等3翅。花期3~6月，果期5~7月。

海拔200~800米石灰岩林缘。广西。

137

068 广西秋海棠

Begonia guangxiensis C. Y. Wu, Acta Phytotax. Sin. 35 (1): 45, fig. 27. 1997.

Herb with rhizome. **Leaf blade** broadly ovate or suborbicular, both surfaces villous-hirsute. ♂ **flowers:** tepals 4. ♀ **flowers:** tepals 3, **ovary** villous, placentae parietal. **Capsule** ovoid-oblong, hairy, unequally 3-winged. Fl. Jan-Mar, fr. Mar-May.

In moist limestone secondery forests, 200-300 m. Guangxi.

草本具根茎。**叶片**宽卵形或近圆形,两面具长硬毛。**雄花:** 花被片4。**雌花:** 花被片3;**子房**被绒毛,侧膜胎座。**蒴果**卵状长圆形,有毛,具不等3翅。花期1~3月,果期3~5月。

海拔200~300米石灰岩次生林湿处。广西。

139

069 圆翅秋海棠

Begonia laminariae Irmsch., Not. Roy. Bot. Gard. Edinburgh 21 (1): 40. 1951.

Herb with rhizome. **Leaf blade** suborbicular or oblate-orbicular, glabrous or subglabrous. ♂ **flowers:** tepals 4, glabrous. ♀ **flowers:** tepals 5, glabrous, unequal, **ovary** glabrous, placentae axile. **Capsule** ellipsoid to oblong, unequally 3-winged. Fl. Jun, fr. Sep.

In moist forests, 1200-1800 m. Guizhou, Yunnan. Vietnam.

草本具根茎。**叶片**近圆形或圆形，无毛或近无毛。**雄花：**花被片4，无毛。**雌花：**花被片5，无毛，不等；**子房**无毛，中轴胎座。**蒴果**椭圆状至长圆状，具不等3翅。花期6月，果期9月。

海拔1200~1800米林下阴湿处。贵州、云南；越南。

070 灯果秋海棠

Begonia lanternaria Irmsch., Mitt. Inst. Allg. Bot. Hamburg 10: 555. 1939.

Herb with rhizome. **Leaf blade** ovate to broadly ovate, glabrous. ♂ **flowers:** tepals 4, pinkish. ♀ **flowers:** tepals 3, pinkish, **ovary** glabrous, placentae parietal. **Capsule** oblong-ovoid, unequally 3-winged. Fl. Aug, fr. Sep.

At limestone forest margins, 120-800 m. Guangxi. Vietnam.

草本具根茎。**叶片**卵圆形至宽卵形，无毛。**雄花：**花被片4，淡粉色。**雌花：**花被片3，淡粉色；**子房**无毛，侧膜胎座。**蒴果**长卵状，具不等3翅。花期8月，果期9月。

海拔120~800米石灰岩山林缘。广西；越南。

143

071 戟叶秋海棠

Begonia limprichtii Irmsch., Repert. Spec. Nov. Regni Veg. Beih. 12: 440. 1922.

Herb with rhizome. **Leaf blade** ovate or broadly ovate, adaxially setose, abaxially villous. ♂ **flowers:** tepals 4, white or rarely pink. ♀ **flowers:** tepals 3-5, unequal, **ovary** pilose, placentae axile. **Capsule** obovoid-oblong, unequally 3-winged. Fl. Jun, fr. Aug.

In forest slopes, 500-1700 m. Sichuan, Yunnan.

草本具根茎。**叶片**卵圆形或宽卵形，正面被刚毛，背面具长毛。**雄花：**花被片4，白色，少粉色。**雌花：**花被片3~5，不等；**子房**被柔毛，中轴胎座。**蒴果**倒卵状长圆形，具不等3翅。花期6月，果期8月。

海拔500~1700米山坡林下。四川、云南。

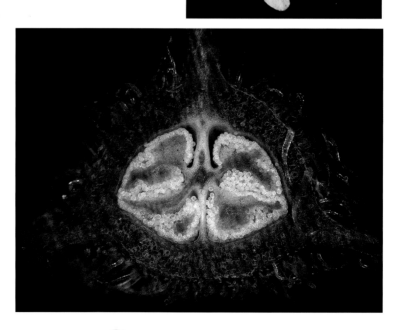

072 黎平秋海棠

Begonia lipingensis Irmsch., Mitt. Inst. Allg. Bot. Hamburg 6: 353, 1927.

Herb with rhizome. **Leaf blade** broadly ovate. ♂ **flowers:** tepals 4, pink. ♀ **flowers:** tepals 6, **ovary** villous, placentae axile. **Capsule** obovoid-oblong, unequally 3-winged. Fl. Jul-Aug, fr. Aug-Sep.

In forests, 300-1100 m. Guangxi, Guizhou, Hunan.

草本具根茎。**叶片**阔卵圆形。**雄花：** 花被片4，粉色。**雌花：** 花被片6，**子房**被绒毛，中轴胎座。**蒴果**倒卵状长圆形，具不等3翅。花期7~8月，果期8~9月。

海拔300~1100米林下。广西、贵州、湖南。

073 刘演秋海棠

Begonia liuyanii C. I Peng, S. M. Ku & W. C.
Leong, Bot. Bull. Acad. Sin. 46(3): 245, figs. 1-5. 2005.

——*Begonia gigaphylla* Y. M. Shui & W. H. Chen,
Acta Bot. Yunnan. 27(4): 362, fig. 6. 2005.

Herb with rhizome. **Leaf blade** broadly ovate or
suborbicular, both sides hispidus. ♂ **flowers:** tepals 4. ♀
flowers: tepals 3, yellowish or reddish, **ovary** ellipsoid,
glandular hispid, placentae parietal. **Capsule** unequally
3-winged. Fl. Apr-Sep, fr. Jun-Feb of next year.

In limestone forests, 200 m. Guangxi.

草本具根茎。**叶片**斜宽卵形或近圆形，两面具
硬毛。**雄花：**花被片4。**雌花：**花被片3，浅黄色或
微红色；**子房**椭圆状，具腺毛，侧膜胎座。**蒴果**具
不等3翅。花期4~9月，果期6月至次年2月。

海拔200米石灰岩山坡林下。广西。

074 鹿寨秋海棠

Begonia luzhaiensis T. C. Ku, Acta Phytotax. Sin. 37 (3): 287. Pl. 1, fig. 1-2. 1999.

Herb with rhizome. **Leaf blade** broadly ovate or suborbicular, adaxially pilose, abaxially sparsely hirsute. ♂ **flowers:** tepals 4. ♀ **flowers:** tepals 3, **ovary** glabrous, placentae parietal. **Capsule** ellipsoid, unequally 3-winged. Fl. May-Nov, fr. Jun-Jan of next year.

On limestone hills, 100-700 m. Guangxi.

草本具根茎。**叶片**斜卵圆形或近圆形，正面具长毛，背面疏被硬毛。**雄花：**花被片4。**雌花：**花被片3；**子房**无毛，侧膜胎座。**蒴果**椭圆状，具不等3翅。花期5~11月，果期6月至次年1月。

海拔100~700米石灰岩山林下或灌丛。广西。

075 蔓耗秋海棠

Begonia manhaoensis S. H. Huang & Y. M.
Shui, Acta Bot. Yunnan. 21 (1): 21. 1999.

Herb with rhizome. **Leaf blade** broadly ovate,
adaxially sparsely pubescent, abaxially pubescent.
♂ **flowers:** tepals 4, white or pinkish, glabrous. ♀
flowers: tepals 5, white or pinkish, elliptic-oblong,
glabrous, unequal, **ovary** glabrous, placentae axile.
Capsule unequally 3-winged. Fl. Sep-Dec, fr. Oct-
Jan of next year.

In forests, 300-800 m. Yunnan.

草本具根茎。**叶片**宽卵圆形，正面疏被柔
毛，背面具柔毛。**雄花：** 花被片4，白色或淡粉
色，无毛。**雌花：** 花被片5，白色或淡粉色，椭
圆状长圆形，无毛，不等；**子房**无毛，中轴胎
座。**蒴果**具不等3翅。花期9~12月，果期10月
至次年1月。

海拔300~800米林下。云南。

076 大叶秋海棠

Begonia megalophyllaria C. Y. Wu, Acta Phytotax. Sin. 33 (3): 272, fig. 18. 1995.

Herb with rhizome. **Leaf blade** ovate, glabrous. ♂ **flowers:** tepals 4, white. ♀ **flowers:** tepals 5, white, unequal, broadly ovate to ovate, **ovary** glabrous, placentae axile. **Capsule** unequally 3-winged. Fl. Jun-Oct, fr. Sep-Nov.

At moist forest margins, 800-1000 m. Yunnan.

草本具根茎。**叶片**宽卵形，无毛。**雄花：**花被片4，白色。**雌花：**花被片5，白色，不等，宽卵形至卵圆形；**子房**无毛，中轴胎座。**蒴果**具不等3翅。花期6~10月，果期9~11月。

海拔800~1000米林缘阴湿处。云南。

153

077 孟连秋海棠

Begonia menglianensis Y. Y. Qian, Acta Phytotax. Sin. 39 (5): 461-463. 2001.

Herb with rhizome. **Leaf blade** reniform to ovate, adaxially glabrous, abaxially densely ferruginous hairy. ♂ **flowers:** tepals 4, white to pinkish. ♀ **flowers:** tepals 5-6, white to pink, **ovary** red to green trigonous or subellipsiod, placentae axile. **Capsule** ellipsoidal, unequally 3-winged. Fl. Dec-Feb of next year, fr. Jan-Mar.

In evergreen broad-leaved forests, 1150-1800 m. Yunnan.

草本具根茎。**叶片**肾形至卵形，正面无毛，背面具锈色毛。**雄花：**花被片4，白色至淡粉色。**雌花：**花被片5~6，白色至粉色；**子房**近椭圆状，中轴胎座。**蒴果**椭圆状，具不等3翅。花期12月至次年2月，果期1~3月。

海拔1150~1800米常绿阔叶林下。云南。

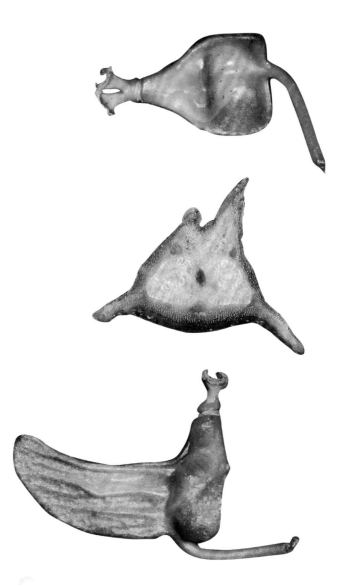

078 盾叶秋海棠

Begonia peltatifolia H. L. Li, J. Arnold Arbor. 25: 209. 1944.

Herb with rhizome. **Leaf blade** peltate, ovate to orbicular, subglabrous to glabrous. ♂ **flowers:** tepals 4, pinkish. ♀ **flowers:** tepals 3, pinkish, **ovary** subellipsiod, placentae axile. **Capsule** unequally 3-winged. Fl. Jun-Jul, fr. Jul.

On limestone slopes, 900 m. Hainan.

草本具根茎。**叶片**盾状，卵状圆形，近无毛或无毛。**雄花:** 花被片4，淡粉色。**雌花:** 花被片3，淡粉色；**子房**近椭圆状，无毛，中轴胎座。**蒴果**具不等 3翅。花期6~7月，果期7月。

海拔900米石灰岩山坡。海南。

秦新生 / 摄

079 一口血秋海棠

Begonia picturata Yan Liu, S. M. Ku & C. I Peng, Bot. Bull. Acad. Sin. 46(4): 367, figs. 1-4. 2005.

Herb with rhizome. **Leaf blade** ovate to broadly ovate, adaxially villous or tomentose, abaxially shortly villous. ♂ **flowers:** tepals 4. ♀ **flowers:** tepals 3, caducous, **ovary** red villous-setose or hispid-setose, placentae parietal. **Capsule** with unequal wings. Fl. Feb-May, fr. Mar-Jun.

On limestone slopes, 700-800 m. Guangxi.

草本具根茎。**叶片**卵圆形至宽卵形，正面具长柔毛或绒毛，背面具长柔毛。**雄花**：花被片4。**雌花**：花被片3，早落；**子房**被红色长柔毛、刚毛或有硬毛，侧膜胎座。**蒴果**具不等翅。花期2~5月，果期3~6月。

海拔700~800米石灰岩山坡。广西。

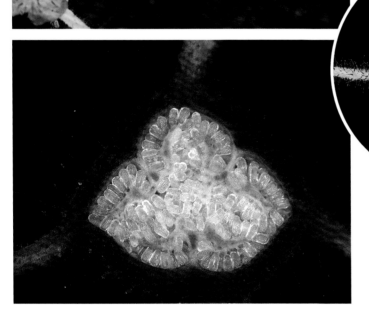

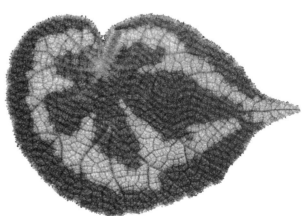

080 假厚叶秋海棠

Begonia pseudodryadis C. Y. Wu, Acta Phytotax. Sin. 33(3): 276, fig. 22. 1995.

Herb with rhizome. **Leaf blade** obliquely ovate, both surfaces glabrous. ♂ **flowers:** tepals 4, write or pink, glabrous. ♀ **flowers:** tepals 5, write or pink, **ovary** obovoid-oblong, glabrous, placentae parietal. **Capsule** ellipsoid, glabrous, with 3 unequal wings. Fl. May-Sep, fr. Jul-Nov.

On rocks of limestone forests, 800-1500 m. Yunnan.

草本具根茎。**叶片**斜卵圆形，无毛。**雄花：**花被片4，白色或粉色，无毛。**雌花：**花被片5，白色或粉色；**子房**倒卵状椭圆形，无毛，侧膜胎座。**蒴果**倒卵状长圆形，无毛，具3不等翅。花期5~9月，果期7~11月。

海拔800~1500米石灰岩林下石上。云南。

081 肿柄秋海棠

Begonia pulvinifera C. I Peng & Yan Liu, Bot. Stud. 47: 319. 2006.

Herb with rhizome. **Leaf blade** peltate, ovate, glabrous. ♂ **flowers:** tepals 4, pinkish, glabrous. ♀ **flowers:** tepals 3, glabrous, **ovary** glabrous, placentae axile. **Capsule** unequally 3-winged. Fl. Mar-Apr, fr. May-Jul.

On rocks in limestone forests, ca. 300 m. Guangxi.

草本具根茎。**叶片**盾状，卵圆形，无毛。**雄花：**花被片4，淡粉色，无毛。**雌花：**花被片3，无毛；**子房**无毛，中轴胎座。**蒴果**具不等3翅。花期3~4月，果期5~7月。

海拔约300米石灰岩山林下石上。广西。

082 大王秋海棠

Begonia rex Putz., Fl. des Serres Jard. Eur. 2: 141, pls. 1255, 1258. 1857.

Herb with rhizome. **Leaf blade** ovate to narrowly ovate, adaxially long setose, abaxially sparsely hairy. ♂ **flowers:** tepals 4, pinkish to pink, glabrous. ♀ **flowers:** tepals 5, unequal, elliptic to broadly ovate, glabrous, **ovary** glabrous, placentae axile. **Capsule** unequally 3-winged. Fl. May, fr. Aug.

In forests or margins, 400-1100 m. Guangxi, Guizhou, Yunnan. India, Vietnam.

草本具根茎。**叶片**卵圆形或窄卵圆形，正面疏被长刚毛，背面具短毛。**雄花：** 花被片4，淡粉色至粉色，无毛。**雌花：** 花被片5，不等，椭圆形至宽卵形，无毛；**子房**无毛，中轴胎座。**蒴果**具不等3翅。花期5月，果期8月。

海拔400~1100米林下或林缘。广西、贵州、云南；印度、越南。

165

083 长柄秋海棠

Begonia smithiana Yu, Not. Roy. Bot. Gard. Edinburgh 21: 44. 1951.

Herb with rhizome. **Leaf blade** ovate to broadly ovate, both sides hirsute. ♂ **flowers:** tepals 4, pinkish. ♀ **flowers:** tepals 5, pinkish, **ovary** sparsely hairy, placentae axile. **Capsule** obovoid-globose, unequally 3-winged. Fl. Aug, fr. Sep.

In moist forests, 700-1300 m. Guangxi, Guizhou, Hubei, Hunan, Sichuan.

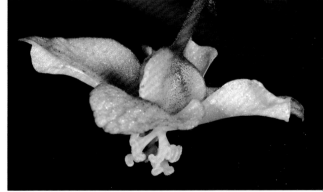

草本具根茎。**叶片**卵圆形至宽卵形，两面具硬毛。**雄花：**花被片4，淡粉色。**雌花：**花被片5，淡粉色；**子房**被疏毛，中轴胎座。**蒴果**倒卵形球状，具不等3翅。花期8月，果期9月。

　　海拔700~1300米林下阴湿处。广西、贵州、湖北、湖南、四川。

084 近革叶秋海棠

Begonia subcoriacea C. I Peng, Yan Liu & S. M. Ku, Bot. Stud. 49: 408. 2008.

Herb with rhizome. **Leaf blade** ovate or suborbicular, both sides glabrous. ♂ **flowers:** tepals 4. ♀ **flowers:** tepals 3, **ovary** trigonous ellipsoid, red, glandular, placentae parietal. **Capsule** red, with 3 short wings. Fl. Mar-Jun, fr. May-Mar of next year.

At limestone margins, 250 m. Guangxi.

草本具根茎。**叶片**卵圆形或近圆形，两面无毛。**雄花：**花被片4。**雌花：**花被片3，宿存或早落；**子房**三角状椭圆形，红色，具腺毛，侧膜胎座。**蒴果**红色，具3短翅。花期3~6月，果期5月~次年3月。

海拔250米石灰岩山林缘。　广西。

085 百变秋海棠

Begonia variifolia Y. M. Shui & W. H. Chen, Acta Bot. Yunnan. 27 (4): 372, fig. 11. 2005.

Herb with rhizome. **Leaf blade** ovate, rugose, hairy. ♂ **flowers:** tepals 4. ♀ **flowers:** tepals 3 (4), **ovary** coniform, villous, placentae parietal. **Capsule** ovate, subequally 3-winged. Fl. Feb-Jun, fr. Apr-Jul.

In limestone shrubs, 200-800 m. Guangxi.

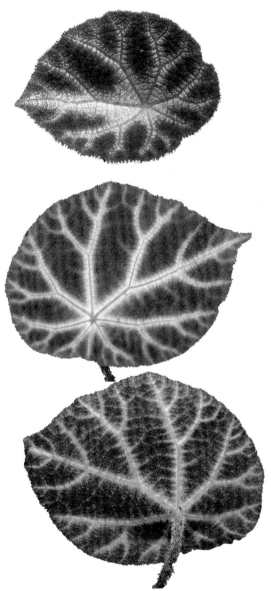

草本具根茎。**叶片**卵圆形，皱且具毛。**雄花**：花被片4。**雌花**：花被片3，很少 4；**子房**圆锥状，被长柔毛，侧膜胎座。**蒴果**卵圆状，具近等3翅。花期2~6月，果期4~7月。

海拔200~800米石灰岩山灌丛中。广西。

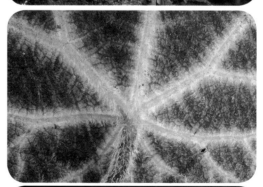

086 少瓣秋海棠

Begonia wangii Yu, Bull. Fan
Mem. Inst. Biol. new ser. 1 (2): 126.
1948.

Herb with rhizome. **Leaf blade**
peltate, ovate-lanceolate, glabrous.
♂ **flowers:** tepals 2, pink, ovate to
oblate-orbicular. ♀ **flowers:** tepals 2,
pink, orbicular-ovate, **ovary** oblong,
placentae axile. **Capsule** unequally
3-winged. Fl. Mar-Jun, fr. May-Jul.

In limestone caves, 600-1000 m.
Guangxi, Yunnan.

草本具根茎。**叶片**盾状，卵状
椭圆形至卵状披针形，无毛。**雄
花：**花被片2，粉色，宽卵形至扁圆
形。**雌花：**花被片2，粉色，圆形或
卵圆形；**子房**长圆状，中轴胎座。
蒴果具不等3翅。花期3~6月，果期
5~7月。

海拔600~1000米石灰岩山
洞。广西、云南。

王文广 / 摄

172

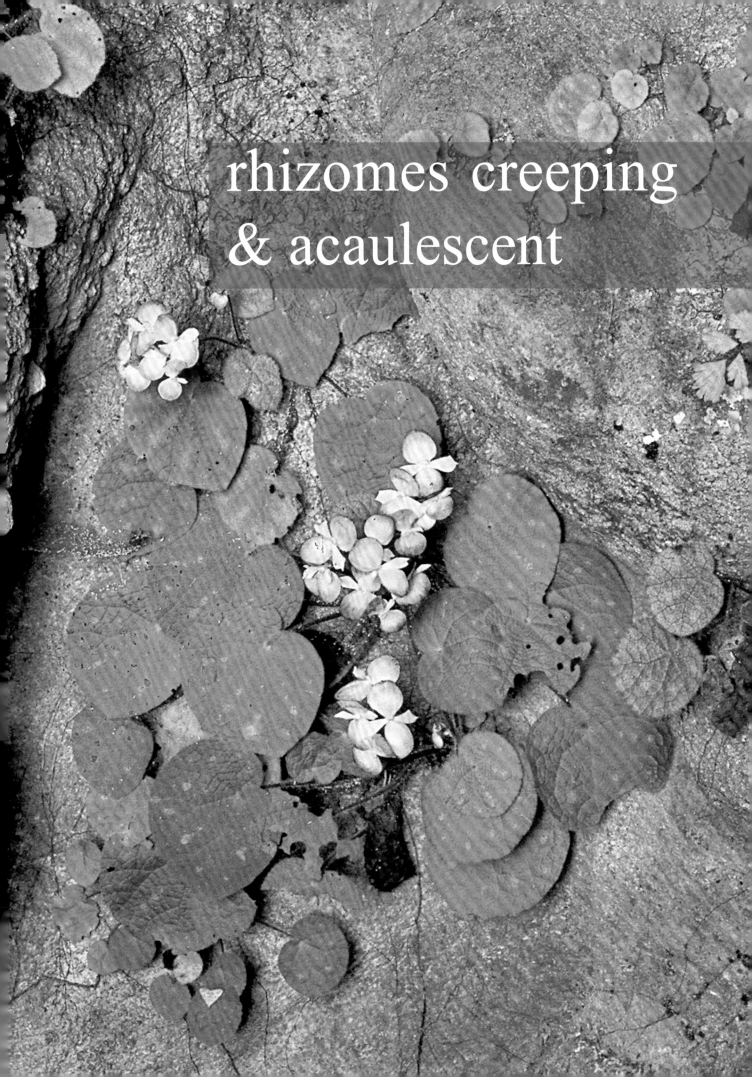

rhizomes creeping
& acaulescent

087 桂南秋海棠

Begonia austroguangxiensis Y. M. Shui
& W. H. Chen, Acta Bot. Yunnan. 27: 359.
2005.

Herb with rhizome. **Leaf blade** broadly
ovate or suborbicular, adaxially sparsely
setulose, abaxially tomentose. ♂ **flowers:**
tepals 4. ♀ **flowers:** tepals 3-4, **ovary** pilose,
placentae parietal. **Capsule** pilose or glabrous.
Fl. May-Oct, fr. Jul-Dec.

At limestone forests, 200-600 m. Guangxi.

草本具根茎。**叶片**宽卵圆形或近圆形，
正面疏被细刚毛，背面具绒毛。**雄花：**花
被片4。**雌花：**花被片3~4；**子房**具柔毛，
侧膜胎座。**蒴果**被柔毛或无毛。花期5~10
月，果期7~12月。

海拔200~600米石灰岩林缘石上。
广西。

桂南秋海棠的生境——广西西南龙州
Locality of *Begonia austroguangxiensis*:
Longzhou, southwestern Guangxi

088 巴马秋海棠

Begonia bamaensis Yan Liu & C. I Peng, Bot. Stud. 48 (4): 465. 2007.

Herb with rhizome. **Leaf blade** ovate or suborbicular, surface rugose, both sides densely setulose to hispidulous. ♂ **flowers:** tepals 4. ♀ **flowers:** tepals 3, caducous, **ovary** trigonous-ellipsoid, white or reddish white, hirsute-pilose or villous-pilose, placentae parietal. **Capsule** trigonous-ellipsoid with unequal or subequal wings. Fl. May-Dec, fr. Jun-Mar of next year.

In limestone caves, 200-800 m. Guangxi.

草本具根茎。**叶片**宽卵形或近圆形，叶面皱，两面密被细刚毛及硬毛。**雄花:** 花被片4。**雌花:** 花被片3，早落；**子房**三角状椭圆形，白色或微红色，具硬毛或长柔毛，侧膜胎座。**蒴果**三角状椭圆形，翅不等或近等。花期5~12月，果期6月至次年3月。

海拔200~800米石灰岩溶洞口。广西。

089 双花秋海棠

Begonia biflora T. C. Ku, Acta Phytotax. Sin. 35 (1): 43, fig. 25. 1997.

Herb with rhizome. **Leaf blade** broadly ovate, adaxially sparsely hispidulous, abaxially pubescent. ♂ **flowers:** tepals 4. ♀ **flowers:** tepals 3-4, ovary glabrous or pilose, placentae parietal. **Capsule** glabrous or pilose, unequally or subequally 3-winged. Fl. Jan-May, fr. Feb-Jul.

In limestone caves or forests, 200-800 m. Yunnan.

草本具根茎。**叶片**斜宽卵形，正面疏被硬毛，背面具柔毛。**雄花：** 花被片4。**雌花：** 花被片3~4；**子房**无毛或具柔毛，侧膜胎座。**蒴果**无毛或被柔毛，具不等或近等3翅。花期1~5月，果期2~7月。

海拔200~800米石灰岩山洞或山坡林下。云南。

090 角果秋海棠

Begonia ceratocarpa S. H. Huang & Y. M. Shui, Acta Bot. Yunnan. 21(1): 13. 1999.

Herb with rhizome. **Leaf blade** ovate-oblong, adaxially glabrous, abaxially villous. ♂ **flowers:** tepals 4-6, pink, glabrous. ♀ **flowers:** tepals 5-6, pink, glabrous or pubescent, unequal, **ovary** pubescent, placentae axile. **Fruit** berrylike, rhomboid, 3-4- horned. Fl. Oct-Feb of next year, fr. Feb-May.

In forests, 300-400 m. Yunnan. Vietnam.

草本具根茎。**叶片**卵状长圆形，正面无毛，背面具长毛。**雄花：**花被片4~6，粉色，无毛或被短柔毛。**雌花：**花被片5~6，粉色，无毛或被紧贴短柔毛，不等大；**子房**具紧贴短柔毛，中轴胎座。**果**浆果状，菱形，具3~4角。花期10月至次年2月，果期2~5月。

海拔300~400米林下。云南；越南。

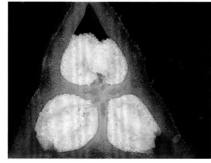

091 卷毛秋海棠

Begonia cirrosa L. B. Smith & D. C. Wasshausen, Phytologia 52 (7): 442. 1983.

Herb with rhizome. **Leaf blade** broadly ovate or suborbicular, adaxially setose, abaxially hirsute. ♂ **flowers:** tepals 4. ♀ **flowers:** tepals 3, **ovary** oblong, red hispid-hirsute, placentae parietal. **Capsule** oblong to ellipsoid, unequally 3-winged. Fl. Feb-Apr, fr. Apr.

On rocks in limestone forests or caves, 1000 m. Guangxi, Yunnan.

草本具根茎。**叶片**斜宽卵形至近圆形，正面具刚毛，背面具硬毛。**雄花：**花被片4。**雌花：**花被片3；**子房**长圆状，红色有硬毛，侧膜胎座。**蒴果**长圆状至椭圆状，具不等3翅。花期2~4月，果期4月。

海拔1000米石灰岩溶洞或山坡林下岩石上。广西、云南。

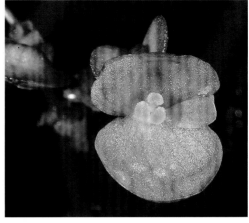

092 水晶秋海棠

Begonia crystallina Y. M. Shui & W. H. Chen, Acta Bot. Yunnan. 27(4): 360, fig. 4. 2005.

Herb with rhizome. **Leaf blade** broadly ovate, adaxially setulose, abaxially densely strigose. ♂ **flowers:** tepals 4, glabrous. ♀ **flowers:** tepals 3, glabrous, **ovary** coniform, glabrous, placentae parietal. **Capsule** broadly ovoid, 3-winged. Fl. Aug-Jan of next year, fr. Oct-Mar of next year.

On rocks in limestone caves or forests, 600-900 m. Yunnan.

草本具根茎。**叶片**宽卵圆形，正面被细刚毛，背面密被糙毛。**雄花：**花被片4，无毛。**雌花：**花被片3，无毛；**子房**圆锥状，无毛，侧膜胎座。**蒴果**宽卵状，具3翅。花期8月至次年1月，果期10月至次年3月。

海拔600~900米石灰岩山洞或林下岩石上。云南。

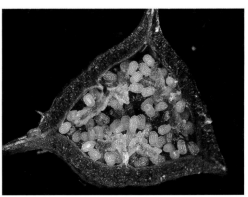

093 弯果秋海棠

Begonia curvicarpa S. M. Ku, C. I Peng & Yan Liu, Bot. Bull. Acad. Sin. 45(4): 353, figs. 1-3. 2004.

Herb with rhizome. **Leaf blade** broadly ovate to orbicular adaxially pilose, abaxially villous. ♂ **flowers:** tepals 4 glabrous. ♀ **flowers:** tepals 3-4, glabrous, **ovary** glabrous placentae parietal. **Capsule** glabrous, unequally 3-winged. Fl Aug-Nov, fr. Oct-Dec.

In limestone caves, 600 m. Guangxi.

草本具根茎。**叶片**斜宽卵形至圆形，正面有毛，背面具长毛。**雄花：**花被片4，无毛。**雌花：**花被片3~4，无毛；**子房**无毛，侧膜胎座。**蒴果**无毛，具不等3翅。花期8~11月，果期10~12月。

海拔600米石灰岩山洞。广西。

094 柱果秋海棠

Begonia cylindrica D. R. Liang & X. X. Chen, Bull. Bot. Res. 13 (3): 217, fig. 1. 1993.

Herb with rhizome. **Leaf blade** peltate, ovate or suborbicular, glabrous or subglabrous. ♂ **flowers:** tepals 4, white to pinkish, glabrous. ♀ **flowers:** tepals 3, glabrous, **ovary** oblong, terete, glabrous, placentae axile. **Fruit** berrylike, clavate. Fl. Apr-Jul, fr. May-Aug.

In limestone forests, 300 m. Guangxi.

草本具根茎。**叶片**盾状，宽卵形或近圆形，无毛或近无毛。**雄花：** 花被片4，白色至淡粉色，无毛。**雌花：** 花被片3，无毛，宿存；**子房**长圆状或圆柱状，无毛，中轴胎座。**果**浆果状，棒状，无翅。花期4~7月，果期5~8月。

海拔300米石灰岩林下。广西。

095 大围山秋海棠

Begonia daweishanensis S. H. Huang & Y.
M. Shui, Acta Bot. Yunnan. 16(4): 337. 1994.

Herb with rhizome. **Leaf blade** ovate,
adaxially subglabrous or sparsely hairy, abaxially
puberulous. ♂ **flowers:** tepals 4, pink. ♀ **flowers:**
tepals 5, pink, unequal, abaxially puberulous,
ovary puberulous, placentae axile. **Capsule**
unequally 3-winged. Fl. Sep-Jan of next year, fr.
Jan-Mar.

In forests, 1400-1800 m. Yunnan.

草本具根茎。**叶片**卵圆形，正面近无毛
或疏被毛，背面具柔毛。**雄花：**花被片4，粉
色。**雌花：**花被片5，粉色，不等大，背面被
微柔毛；**子房**被微柔毛，中轴胎座。**蒴果**具
不等3翅。花期9月至次年1月，果期1~3月。

海拔1400~1800米林下。云南。

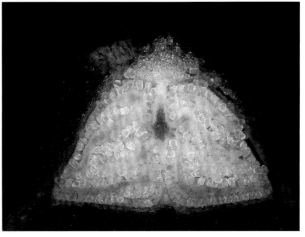

大围山秋海棠的生境——大围山国家级自然保护区
Type locality of *Begonia daweishanensis*:
Daweishan National Nature Reserve, Yunnan

190

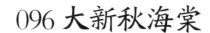

096 大新秋海棠

Begonia daxinensis T. C. Ku, Acta Phytotax. Sin. 35 (1): 45, fig. 26. 1997.

Herb with rhizome. **Leaf blade** ovate to suborbicula, adaxially glabrous, abaxially subglabrous. ♂ **flowers:** tepals 4. ♀ **flowers:** tepals 3, **ovary** puberulous, placentae parietal. **Capsule** ovate-oblong, glabrous, subequally 3-winged. Fl. Mar-Jun, fr. Apr-Jun.

On limestone rocks, 200-600 m. Guangxi.

草本具根茎。**叶片**斜卵圆形至近圆形，正面无毛，背面近无毛。**雄花：**花被片4。**雌花：**花被片3；**子房**被微柔毛，侧膜胎座。**蒴果**卵状长圆形，无毛，具近等3翅。花期3~6月，果期4~6月。

海拔200~600米石灰岩山林下岩石上。广西。

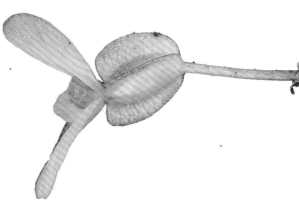

097 川边秋海棠

Begonia duclouxii Gagnep., Bull. Mus. Hist. Nat. Paris 25: 198. 1919.

Herb with rhizome. **Leaf blade** ovate. ♂ **flowers:** tepals 4, white. ♀ **flowers:** tepals 3-5, **ovary** villous, placentae axile. **Capsule** unequally 3-winged. Fl. Jun, fr. Aug.

In forests, 1000-1400 m. NE Yunnan.

草本具根茎。**叶片**卵圆形。**雄花：**花被片4，白色。**雌花：**花被片3~5；**子房**被绒毛，中轴胎座。**蒴果**具不等3翅。花期6月，果期8月。

海拔1000~1400米林下。云南东北部。

夏熙城 / 摄

098 黑峰秋海棠

Begonia ferox C. I Peng & Yan Liu, Bot.
Stud. 54: 44. 2013.

Herb with rhizome. **Leaf blade** ovate,
villous. ♂ **flowers:** tepals 4. ♀ **flowers:** tepals
3, pinkish, **ovary** trigonous-ellipsoid, reddish,
placentae parietal. **Capsule** trigonous-
ellipsoid, unequal wings. Fl. Jan-May, fr. Apr-
Jul.

In limestone slopes, 600 m. Guangxi.

草本具根茎。**叶片**卵形，被长毛。**雄
花：** 花被片4。**雌花：** 花被片3，淡粉色；
子房三角椭圆状，淡红色，侧膜胎座。
蒴果三角状椭圆形，具不等翅。花期1~5
月，果期4~7月。

海拔600米石灰岩山坡。广西。

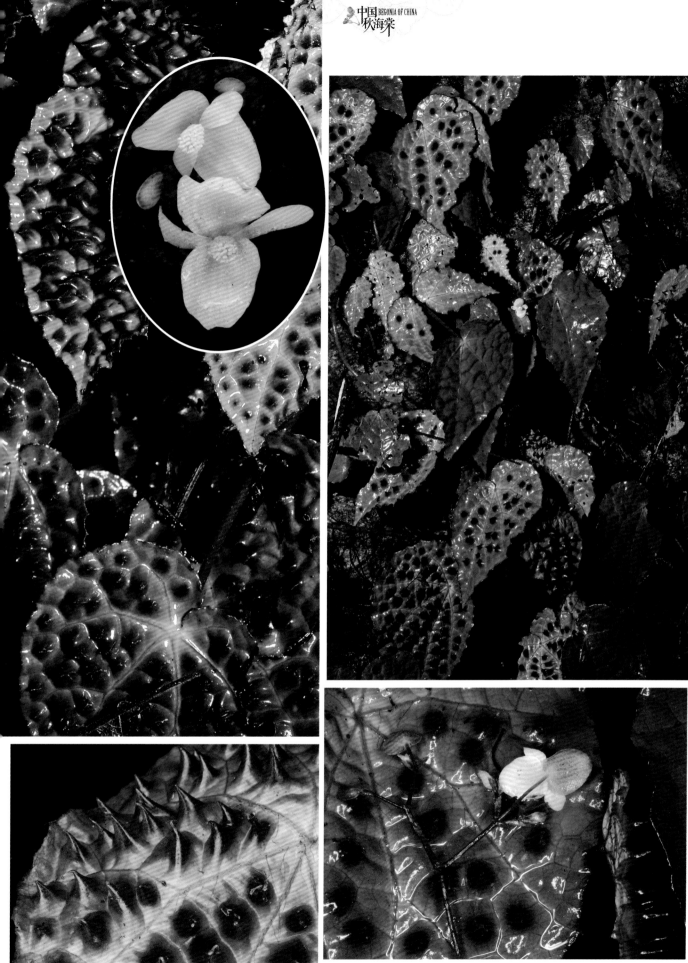

谢彦军 / 摄

099 须苞秋海棠

Begonia fimbribracteata Y. M. Shui & W. H. Chen, Acta Bot. Yunnan. 27(4): 362, fig. 5. 2005.

Herb with rhizome. **Leaf blade** broadly ovate, adaxially sparsely setose, abaxially sparsely strigose. ♂ **flowers:** tepals 4. ♀ **flowers:** tepals 3, **ovary** obconiform, hairy, placentae parietal. **Capsule** subequally 3-winged. Fl. Jun, fr. Jul.

In limestone forests, 300 m. Guangxi.

草本具根茎。**叶片**宽卵圆形，正面疏被刚毛，背面疏被糙毛。**雄花:** 花被片4。**雌花:** 花被片3; **子房**倒圆锥状，疏被毛，侧膜胎座。**蒴果**具近等3翅。花期6月，果期7月。

海拔300米石灰山林下。广西。

谢彦军 / 摄

谢彦军／摄

谢彦军／摄

100 古林箐秋海棠

Begonia gulinqingensis S. H. Huang & Y. M. Shui, Acta Bot. Yunnan. 16 (4): 334, fig 1. 1994.

Herb with rhizome. **Leaf blade** suborbicular, adaxially sparsely hispidulous, abaxially sparsely hirsute. ♂ **flowers:** tepals 4, pink. ♀ **flowers:** tepals 5, **ovary** hairy, placentae axile. **Capsule** obovoid, sparsely hairy, unequally 3-winged. Fl. Jun, fr. Jul.

In forests, 1600-1900 m. Yunnan.

草本具根茎。**叶片**近圆形，正面疏被硬毛，背面疏被毛。**雄花：**花被片4，粉色。**雌花：**花被片5；**子房**具毛，中轴胎座。**蒴果**倒卵状，疏毛，具不等3翅。花期6月，果期7月。

海拔1600~1900米林下。云南。

古林箐秋海棠的生境——马关古林箐省级自然保护区
Type locality of *Begonia gulinqingensis*.
Gulinqing Provincial Nature Reserve, Yunnan

200

101a 香花秋海棠

Begonia handelii Irmsch., Anz. Akad. Wiss. Wien, Math.-Naturwiss. Kl. 58:24. 1921.

Herb dioecious with rhizome. **Leaf blade** broadly ovate to ovate, glabrous, subglabrous or pilose. ♂ **flowers:** tepals 4, white to pink. ♀ **flowers:** tepals 4, **ovary** obovoid, hairy or glabrous, placentae axile. **Fruit** berrylike, wingless or 4-8-horned. Fl. Jan, fr. Feb-May.

In moist forests, 100-1500 m. Guangdong, Guangxi, Hainan, Yunnan. Laos, Myanmar, Thailand, Vietnam.

草本具根茎。**叶片**宽卵圆形至近圆形，无毛、近无毛或被柔毛。**雄花：**花被片4，白色至粉色。**雌花：**花被片4；**子房**倒卵状，具毛或无毛，中轴胎座。**果**浆果状，无翅或具4~8角。花期1月，果期2~5月。

海拔100~1500米林下阴湿处。广东、广西、海南、云南；老挝、缅甸、泰国、越南。

101b 红毛香花秋海棠

Begonia handelii Irmsch. var. **rubropilosa** (S. H. Huang & Y. M. Shui) C. I Peng, Fl. China. 13: 178. 2007.

Herb with rhizome. **Leaf blade** broadly ovate or ovate-lanceolate. ♂ **flowers:** tepals 4, white. ♀ **flowers:** tepals 4, white, **ovary** obovoid, red pilose, placentae axile. **Fruit** Fruit berrylike, wingless or 4(-8)-horned. Fl. Jan, fr. Feb-May.

In moist forests, ca. 1400 m. SE Yunnan.

草本具根茎。**叶片**宽卵形或卵状披针形。**雄花：**花被片4，白色或粉色。**雌花：**花被片4，白色；**子房**倒卵状，被红色柔毛，中轴胎座。**果**浆果状，无翅，多具4个角。花期1月，果期2~5月。

海拔约1400米林下阴湿处。云南东南部。

102 黄氏秋海棠

Begonia huangii Y. M. Shui & W. H. Chen, Acta Bot. Yunnan. 27 (4): 365, fig. 7. 2005.

Herb with rhizome. **Leaf blade** suborbicular or broadly ovate, both sides pilose. ♂ **flowers:** tepals 4, white or red. ♀ **flowers:** tepals 3-4, **ovary** glabrous, placentae parietal. **Capsule** ellipsoid, glabrous, subequally 3-winged. Fl. Aug-Nov, fr. Oct-Dec.

On limestone rocks in forests, 300-1000 m. Yunnan.

草本具根茎。**叶片**近圆形或宽卵形，两面多毛。**雄花：** 花被片4，白色或红色。**雌花：** 花被片3~4；**子房**无毛，侧膜胎座。**蒴果**椭圆状，无毛，近等3翅。花期8~11月，果期10~12月。

海拔300~1000米石灰岩林中岩石上。云南。

206

103 靖西秋海棠

Begonia jingxiensis D. Fang &
Y. G. Wei, Acta Phytotax. Sin. 42(2):
172. 2004.

Herb with rhizome. **Leaf blade**
broadly ovate or suborbicular,
glabrescent. ♂ **flowers**: tepals 2
(-4), obovate. ♀ **flowers**: tepals
2, suborbicular or obovate, **ovary**
red, glabrous, placentae parietal.
Capsule ovoid, unequally 3-winged.
Fl. Jun-Dec, fr. Aug-Dec.

In limestone forests, 100-600 m.
Guangxi.

草本具根茎。**叶片**斜宽卵形或
近圆形，被锈色纤毛或近无毛。
雄花： 花被片2（~4），近圆
形、倒卵形或宽卵形。**雌花：** 花
被片2，近圆形或倒卵形；**子房**红
色，无毛，侧膜胎座。**蒴果**卵圆
状，具不等3翅。花期6~12月，
果期8~12月。

海拔100~600米石灰山石林
下。广西。

104 雷平秋海棠

Begonia leipingensis D. K. Tian, Li H. Yang & Chun Li, Phytotaxa 244(1): 49. 2016.

Herb with rhizome. **Leaf blade** palmately compound, leaflets lanceolate, adaxially subglabrous, abaxially hairy along veins. ♂ **flowers:** tepals 4, glabrous. ♀ **flowers:** tapals 3, glabrous, **ovary** sparsely pilose or subglabrous, placentae parietal. **Capsule** ovoid, unequally 3-winged. Fl. Aug-Oct, Fr. Sep-Dec.

On limestone hill, 260-270 m. Guangxi.

草本具根茎。**叶片**掌状复叶，小叶长披针形，正面近无毛，背面沿脉有毛。**雄花：**花被片4，无毛。**雌花：**花被片3，无毛；**子房**具疏毛或近无毛，侧膜胎座。**蒴果**卵圆状，具不等3翅。花期8~10月，果期9~12月。

海拔260~270米石灰岩山。广西。

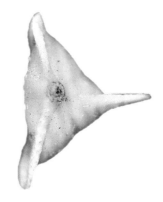

211

105 团扇叶秋海棠

Begonia leprosa Hance, Journ. Bot. 21: 202. 1883.

Herb with rhizome. **Leaf blade** peltate, obovate or broadly ovate. ♂ **flowers:** tepals 4, white to pink, glabrous. ♀ **flowers:** tepals 3, white to pink, glabrous, persistent, **ovary** glabrous, placentae axile. **Capsule** clavate, wingless. Fl. May-Sep, fr. Jun-Oct.

In limestone caves or secondery forests, 100-800 m. Guangdong, Guangxi.

草本具根茎。**叶片**浅盾状，近圆形、倒卵形或宽卵形。**雄花：**花被片4，白色至粉色，无毛。**雌花：**花被片3，白色至粉色，无毛，宿存；**子房**无毛，中轴胎座。**蒴果**棒状，无翅。花期5~9月，果期6~10月。

海拔100~800米石灰岩山溶洞或次生林下。广东、广西。

212

团扇叶秋海棠的生境——广东北部韶关
Locality of *Begonia leprosa*:
Shaoguan, northern Guangdong

刘冰 / 摄

106 弄岗秋海棠

Begonia longgangensis C.I Peng & Yan Liu, Bot. Stud. 54-44: 2. 2013.

Herb with rhizome. **Leaf blade** ovate to suborbicular, hairy. ♂ **flowers:** tepals 2 or 4, glabrous. ♀ **flowers:** tepals 3, glabrous, **ovary** glabrous, placentae parietal. **Capsule** trigonous-ellipsoid, unequally 3-winged. Fl. Mar-Jun, fr. May-Aug.

On limestone rocks in evergreen broad-leaved forests. Guangxi.

草本具根茎。**叶片**卵形或近圆形。**雄花:** 花被片2或4，无毛。**雌花:** 花被片3，无毛，宿存；**子房**无毛，侧膜胎座。**蒴果**三角状椭圆形，具不等3翅。花期5~6月，果期5~8月。

石灰岩山林下石上。广西。

刘冰 / 摄

刘晟源 / 摄

刘冰 / 摄　　　　　刘冰 / 摄　　　　　刘冰 / 摄

107 长果秋海棠

Begonia longicarpa K. Y. Guan & D. K. Tian,
Acta Bot. Yunnan. 22(2): 131. 2000.

Herb with rhizome. **Leaf blade** elliptic,
adaxially dark green, narrowly elliptic, glabrous or
abaxially minutely hairy on veins. ♂ **flowers:** tepals
4, white. ♀ **flowers:** tepals 3, white, **ovary** clavate,
pilose, placentae axile. **Capsule** clavate. Fl. Nov-
Dec, fr. Dec.

In forests of ravines, 100-200 m. Yunnan.
Vietnam.

草本具根茎。**叶片**椭圆形，两面无毛或背面
脉上有无。**雄花：**花被片4，白色。**雌花：**花被
片3，白色；**子房**棒状，被稀疏的短柔毛，中轴胎
座。**蒴果**棒状。花期11~12月，果期12月。

海拔100~200米沟谷林下。云南；越南。

108 长柱秋海棠

Begonia longistyla Y. M. Shui & W. H. Chen, Acta Bot. Yunnan. 27(4): 367, fig. 8. 2005.

Herb with rhizome. **Leaf blade** ovate, rugose, adaxially densely tuberculate setulose, abaxially densely hairy. ♂ **flowers:** tepals 4, glabrous. ♀ **flowers:** tepals 3, glabrous, **ovary** coniform, glabrous, placentae parietal. **Capsule** ovate with 3 subequal lunate wings, glabrous. Fl. Feb-Jun, fr. Apr-Jun.

In limestone forests, 200-300 m. Yunnan.

草本具根茎。**叶片**卵圆形，皱，正面被瘤基刚毛，背面密被毛。**雄花：**花被片4，无毛。**雌花：**花被片3，无毛；**子房**卵状，无毛，侧膜胎座。**蒴果**卵圆状，具近等半月形3翅，无毛。花期2~6月，果期4~6月。

海拔200~300米石灰岩山林中。云南。

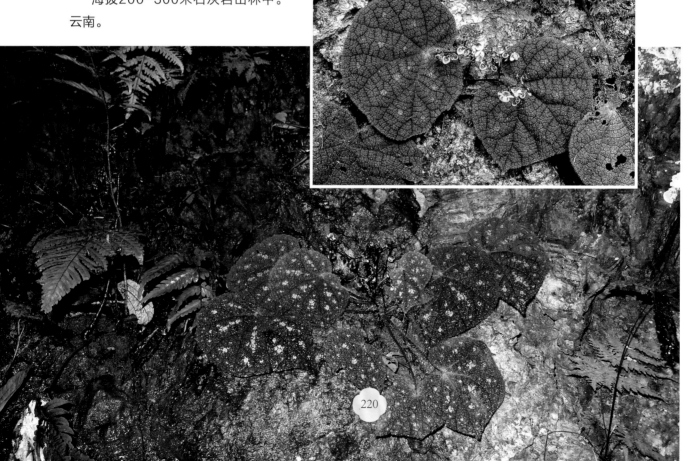

109 罗城秋海棠

Begonia luochengensis S. M. Ku, C. I Peng & Yan Liu, Bot. Bull. Acad. Sin. 45(4): 357, figs. 3-5. 2004.

Herb with rhizome. **Leaf blade** ovate, both surfaces pilose. ♂ **flowers:** tepals 4. ♀ **flowers:** tepals 3, **ovary** pinkish, glabrous, placentae parietal. **Capsule** unequally 3-winged. Fl. Aug-Nov, fr. Sep-Dec.

On limestone hills, 200-300 m. Guangxi.

草本具根茎。**叶片**斜卵圆形至卵圆形，两面密被柔毛。**雄花：**花被片4。**雌花：**花被片3；**子房**粉色，无毛，侧膜胎座。**蒴果**具不等3翅。花期8~11月，果期9~12月。

海拔200~300米石灰岩山坡。广西。

222

110 马山秋海棠

Begonia mashanica D. Fang & D. H. Qin, Acta Phytotax. Sin. 42(2): 174, fig. 3. 2004.

Herb with rhizome. **Leaf blade** reniform or broadly ovate, both sides villous. ♂ **flowers:** tepals 2. ♀ **flowers:** tepals 2, broadly obovate, **ovary** triloculed, placentae axile. **Capsule** broadly ovoid. Fl. Sep-Oct, fr. Nov.

On limestone hills, 180 m. Guangxi.

草本具根茎。**叶片**肾形或宽卵形，两面有长毛。**雄花：**花被片2。**雌花：**花被片2，宽卵形，被腺毛；**子房**3室，中轴胎座。**蒴果**宽卵状。花期9~10月，果期11月。

海拔180米石灰岩山坡。广西。

224

111 铁甲秋海棠

Begonia masoniana Irmsch., Begonian 26 (9): 202, 1959.

Herb with rhizome. **Leaf blade** broadly ovate or suborbicular, adaxially sparsely long setose or hirsute, abaxially sparsely villous. ♂ **flowers:** tepals 4. ♀ **flowers:** tepals 3, **ovary** oblong, red glandular hispid, placentae parietal. **Capsule** oblong to ellipsoid, reddish glandular hispid, unequally 3-winged. Fl. Mar-Sep, fr. Jun-Sep.

On limestone slopes, 100-300 m. Guangxi. Vietnam.

草本具根茎。**叶片**斜宽卵形至近圆形，正面突起疏被长刚毛，背面疏被长柔毛。**雄花：**花被片4。**雌花：**花被片3；**子房**椭圆状，具红色腺毛，侧膜胎座。**蒴果**长圆状，被浅红色腺毛，具不等3翅。花期3~9月，果期6~9月。

海拔100~300米石灰岩山坡。广西；越南。

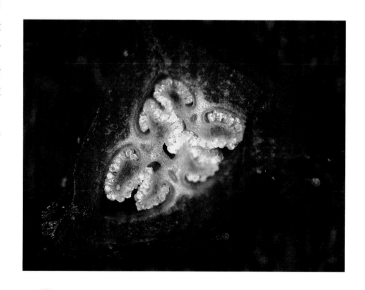

韦毅刚 / 摄

刘晟源 / 摄

刘晟源 / 摄

112a 龙州秋海棠

Begonia morsei Irmsch., Mitt. Inst. Allg. Bot. Hamburg 10: 554. 1939.

Herb with rhizome. **Leaf blade** broadly ovate, adaxially densely tuberculate setulose, abaxially pilose. ♂ **flowers**: tepals 4. ♀ **flowers**: tepals 3, **ovary** ellipsoid, glabrous, placentae parietal. **Capsule** oblong, subequally 3-winged, wings lunate. Fl. May-Jul, fr. Jun-Aug.

In limestone forests, 200-700 m. Guangxi.

草本具根茎。**叶片**宽卵形，正面密被瘤基刚毛，背面有毛。**雄花：**花被片4。**雌花：**花被片3；**子房**椭圆状，无毛，侧膜胎座。**蒴果**长圆状，具近等半月形3翅。花期5~7月，果期6~8月。

海拔200~700米石灰岩山林下。广西。

112b 密毛龙州秋海棠

Begonia morsei Irmsch. var. **myriotricha** Y. M. Shui & W. H. Chen, Acta Bot. Yunnan. 27 (4): 368. 2005.

Herb with rhizome. **Leaf blade** broadly ovate, hispidus especially abaxially. ♂ **flowers:** tepals 4. ♀ **flowers:** tepals 3, **ovary** ellipsoid, strigose, placentae parietal. **Capsule** oblong, subequally 3-winged, wings lunate. Fl. May-Jul, fr. Jun-Aug.

In limestone forests, 500-900 m. Guangxi.

草本具根茎。**叶片**宽卵形，两面密被红色硬毛，背面尤密。**雄花：** 花被片4。**雌花：** 花被片3；**子房**椭圆状，被糙毛，侧膜胎座。**蒴果**长圆状，具近等半月形3翅。花期5~7月，果期6~8月。

海拔500~900米石灰岩山林下。广西。

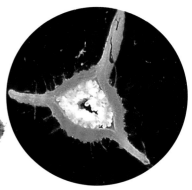

113a 宁明秋海棠

Begonia ningmingensis D. Fang, Y. G. Wei & C. I Peng, Bot. Stud. 47(1): 97, figs. 1-4. 2006.

Herb with rhizome. **Leaf blade** broadly ovate or suborbicular, adaxially setose. ♂ **flowers:** tepals 4, pinkish or white. ♀ **flowers:** tepals 3, **ovary** ellipsoid, placentae parietal. **Capsule** ellipsoid, wings unequal or subequal. Fl. Aug-Dec, fr. Oct-Jan of next year.

In limestone forests, 100-400 m. Guangxi.

草本具根茎。**叶片**宽卵圆形、近圆形或肾形，正面具刚毛。**雄花：**花被片4，淡粉色或白色。**雌花：**花被片3；**子房**椭圆状，侧膜胎座。**蒴果**椭圆状，具不等或近等3翅。花期8~12月，果期10月至次年1月。

海拔100~400米石灰岩山林中。广西。

113b 丽叶秋海棠

Begonia ningmingensis D. Fang, Y. G. Wei & C. I Peng var. **bella** D. Fang, Y. G. Wei & C. I Peng, Bot. Stud. 47(1): 101, figs. 4-6. 2006.

Herb with rhizome. **Leaf blade** suborbicular or reniform, adaxially setose, abaxially densely setose. ♂ **flowers:** tepals 4. ♀ **flowers:** tepals 3, persistent, **ovary** ellipsoid, placentae parietal. **Capsule** subequally 3-winged. Fl. Sep-Dec, fr. Oct- Jan of next year.

On limestone hills, 200-300 m. Guangxi.

草本具根茎。**叶片**圆形或肾形，正面具刚毛，背面密被刚毛。**雄花：**花被片4。**雌花：**花被片3，宿存；**子房**椭圆状，侧膜胎座。**蒴果**具近等3翅。花期9~12月，果期10月至次年1月。

海拔200~300米石灰岩山坡。广西。

114 斜叶秋海棠

Begonia obliquifolia S. H. Huang & Y. M. Shui, Acta Bot. Yunnan. 21 (1): 21. 1999.

Herb with rhizome. **Leaf blade** broadly ovate, adaxially tuberculate puberulous or hispidulous, abaxially pubescent. ♂ **flowers:** tepals 4. ♀ **flowers:** tepals 3, **ovary** obovoid, glandular-pilose, placentae parietal. **Capsule** obovoid-ellipsoid, glandular pilose, unequally 3-winged. Fl. Jan, fr. Jan-Jun.

In limestone caves, 1400-1500 m. Yunnan.

草本具根茎。**叶片**斜宽卵形，正面被瘤基柔毛或硬毛，背面具柔毛。**雄花：**花被片4。**雌花：**花被片3；**子房**倒卵状，被腺状柔毛，侧膜胎座。**蒴果**倒卵状椭圆形，被腺状柔毛，具不等3翅。花期1月，果期1~6月。

海拔1400~1500米石灰岩山洞。云南。

115 不显秋海棠

Begonia obsolescens Irmsch., Not. Roy. Bot. Gard. Edinburgh 21 (1): 37. 1951.

Herb with rhizome. **Leaf blade** ovate or oblong-ovate, sparsely hispidulous. ♂ **flowers:** tepals 4, white to pink, villous. ♀ **flowers:** tepals 5, white to pink, villous, **ovary** villous, placentae axile. **Capsule** subequally 3-winged, wings triangular. Fl. Dec, fr. Jan-Apr.

In forests, 500-2200 m. Guangxi, Yunnan. Vietnam.

草本具根茎。**叶片**卵形或长卵形，疏被短硬毛。**雄花：**花被片4，白色至粉色，被长柔毛。**雌花：**花被片5，白色至粉色，被长柔毛；**子房**被长柔毛，中轴胎座。**蒴果**具近等3翅，翅三角形。花期12月，果期1~4月。

海拔500~2200米林下。广西、云南；越南。

237

116 山地秋海棠

Begonia oreodoxa Chun & F. Chun ex C. Y. Wu & T. C. Ku, Acta Phytotax. Sin. 33 (3): 274. 1995.

Herb with rhizome. **Leaf blade** ovate-suborbicular or ovate, both sides hirsute. ♂ **flowers:** tepals 4, pinkish to pink. ♀ **flowers:** tepals 4 or 3, pinkish to pink, **ovary** villous or rarely glabrous, placentae axile. **Capsule** unequally 3-winged. Fl. Apr-May, fr. May-Jun.

In forests, 100-1200 m. Yunnan. Vietnam.

草本具根茎。**叶片**卵状近圆形或宽卵形，两面具硬毛。**雄花：**花被片4，淡粉色至粉色。**雌花：**花被片4或3，淡粉色至粉色；**子房**被绒毛，中轴胎座。**蒴果**具不等3翅。花期4~5月，果期5~6月。

海拔100~1200米林下。云南；越南。

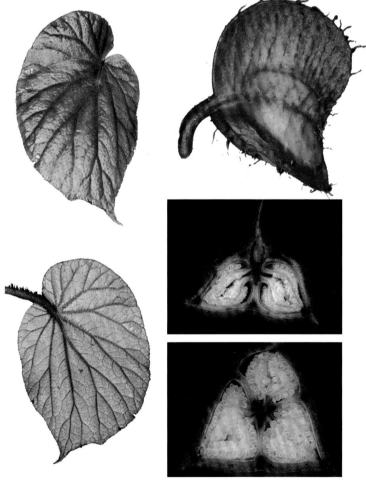

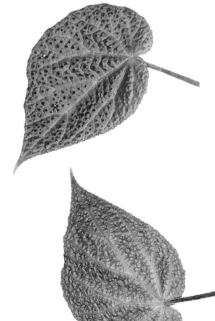

117 鸟叶秋海棠

Begonia ornithophylla Irmsch., Mitt. Inst. Allg. Bot. Hamburg 10: 556. 1939.

Herb with rhizome. **Leaf blade** ovate to ovate-lanceolate. ♂ **flowers**: tepals 4. ♀ **flowers**: tepals 2-3, **ovary** oblong-ovoid, placentae parietal. **Capsule** subequally 3-winged. Fl. Jan-May, fr. Mar-Jun.

In limestone forests, 100-600 m. Guangxi.

草本具根茎。**叶片**卵圆形至披针形。**雄花：**花被片4。**雌花：**花被片2~3；**子房**长卵形，侧膜胎座。**蒴果**具近等3翅。花期1~5月，果期3~6月。

海拔100~600米石灰岩山林下。广西。

118 扁果秋海棠

Begonia platycarpa Y. M. Shui & W. H. Chen, Acta Bot. Yunnan. 27 (4): 368-370, fig. 9. 2005.

Herb with rhizome. **Leaf blade** broadly ovate, adaxially densely pilose, abaxially sparsely pilose. ♂ **flowers:** tepals 4. ♀ **flowers:** tepals 2-4, pink, **ovary** broadly ovoid-ellipsoid, pilose, placentae parietal. **Capsule** orbicular, glabrescent, 3-winged. Fl. Mar-Jun, fr. May-Jul.

On limestone hills, 900 m. Yunnan.

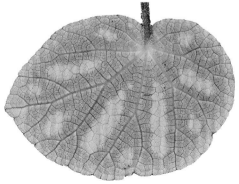

草本具根茎。**叶片**宽卵形，正面密被毛，背面疏被毛。**雄花：**花被片4。**雌花：**花被片2~4，粉色；**子房**宽卵状椭圆形，侧膜胎座。**蒴果**扁球状，近无毛，具3翅。花期3~6月，果期5~7月。海拔900米石灰岩山坡。云南。

BEGONIA OF CHINA

119 突脉秋海棠

Begonia retinervia D. Fang, D. H. Qin & C. I
Peng, Bot. Stud. 47(1): 106-109, figs. 4, 7-8. 2006.

Herb with rhizome. **Leaf blade** suborbicular,
rugose, both sides pilose. ♂ **flowers:** tepals 4. ♀
flowers: tepals 3, **ovary** broadly ovoid to obovoid,
placentae parietal. **Capsule** subequally 3-winged. Fl.
Aug-Dec, fr. Nov-Mar of next year.

On limestone slopes, 200-600 m. Guangxi.

草本具根茎。**叶片**近圆形，皱，两面多毛。**雄
花：**花被片4。**雌花：**花被片3；**子房**绿色、白色
或微红色，宽卵状至倒卵状，被长柔毛，侧膜胎
座。**蒴果**具近等3翅。花期8~12月，果期11月至
次年3月。

海拔200~600米石灰岩山坡。广西。

120 圆叶秋海棠

Begonia rotundilimba S. H. Huang & Y. M. Shui, Acta Bot. Yunnan. 16 (4): 335, fig. 3. 1994.

Herb with rhizome. **Leaf blade** ovate or oblate-orbicular, adaxially glabrous or pilose, abaxially hispidulous. ♂ **flowers:** tepals 4, pale. ♀ **flowers:** tepals 5, glabrous, **ovary** glabrous, placentae axile. **Capsule** ellipsoid, subequally 3-winged. Fl. Apr, fr. Jul.

In evergreen forests or shrubs, 500-1800 m. Yunnan.

草本具根茎。**叶片**卵圆形，正面无毛或有毛，背面具硬毛。**雄花：**花被片4，发白。**雌花：**花被片5，无毛；**子房**无毛，中轴胎座。**蒴果**椭圆状，具近等3翅。花期4月，果期7月。

海拔500~1800米林下或灌丛中。云南。

121 半侧膜秋海棠

Begonia semiparietalis Yan Liu, S. M. Ku & C. I Peng, Bot. Stud. 47(2): 218-221, figs. 4, 9-10. 2006.

Herb with rhizome. **Leaf blade** broadly ovate or suborbicular, rugose, adaxially sparsely setulose. ♂ **flowers:** tepals 4. ♀ **flowers:** tepals 3, **ovary** reddish, ellipsoid, long glandular pilose, placentae parietal. **Capsule** unequally 3-winged. Fl. Sep-Nov, fr. Oct-Dec.

On limestone hills, 800 m. Guangxi.

草本具根茎。**叶片**宽卵圆形或近圆形，正面疏被刚毛。**雄花：**花被片4。**雌花：**花被片3；**子房**微红，椭圆状，被长腺状柔毛，侧膜胎座。**蒴果**具不等3翅。花期9~11月，果期10~12月。

海拔800米石灰岩山林下。广西。

122 刚毛秋海棠

Begonia setifolia Irmsch., Mitt. Inst. Allg. Bot.
Hamburg 10: 549. 1939

——*Begonia tsaii* Irmsch., Notes Roy. Bot.
Gard. Edinburgh 21: 42. 1951.

Herb with rhizome. **Leaf blade** broadly ovate
to suborbicular, adaxially long setose, abaxially
glabrous. ♂ **flowers:** tepals 4, pink. ♀ **flowers:**
tepals 5, unequal, **ovary** broadly ovoid, villous,
placentae axile. **Capsule** ovoid, unequally
3-winged. Fl. Jan-May, fr. Mar-Jun.

In forests, 1300-2100 m. Yunnan.

草本具根茎。**叶片**宽卵圆形至近圆形，正
面被长刚毛，背面无毛。**雄花：**花被片4，粉
色。**雌花：**花被片5，不等；**子房**宽卵圆状，被
长柔毛，中轴胎座。**蒴果**卵圆状，具不等3翅。
花期1~5月，果期3~6月。

海拔1300~2100米林下。云南。

李艳春／摄

123 刺盾叶秋海棠

Begonia setulosopeltata C. Y. Wu, Acta Phytotax. Sin. 35 (1): 48, fig. 28. 1997.

Herb with rhizome. **Leaf blade** peltate, ovate or broadly ovate, adaxially sparsely setulose, abaxially sparsely hirsute. ♂ **flowers:** tepals 4. ♀ **flowers:** tepals 4, **ovary** oblong, glabrous, placentae parietal. **Capsule** subequally 3-winged. Fl. Feb-Apr, fr. Apr-May.

In limestone caves, 300 m. Guangxi.

草本具根茎。**叶片**盾状，卵圆形或宽卵形，正面疏被刚毛，背面疏被硬毛。**雄花：**花被片4。**雌花：**花被片4；**子房**长圆状，无毛，侧膜胎座。**蒴果**具近等3翅。花期2~4月，果期4~5月。

海拔300米石灰岩山洞。广西。

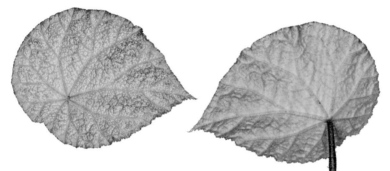

刘冰 / 摄

124 中越秋海棠

Begonia sinovietnamica C. Y. Wu, Acta Phytotax. Sin. 35 (1): 50, fig. 30. 1997.

Herb with rhizome. **Leaf blade** ovate or broadly ovate, adaxially hirsute, abaxially densely hirsute. ♂ **flowers:** tepals 4, white. ♀ **flowers:** tepals 5, white, **ovary** glabrous or short-pilose, placentae axile. **Capsule** ovoid, subequally 3-winged. Fl. Jul, fr. Aug.

In forests of ravines, 200-400 m. Guangxi.

草本具根茎。**叶片**卵圆形或宽卵形,两面多毛。**雄花:**花被片4,白色。**雌花:**花被片5,白色;**子房**无毛或疏被短柔毛,中轴胎座。**蒴果**卵圆状,具近等3翅。花期7月,果期8月。

海拔200~400米沟谷林下。广西。

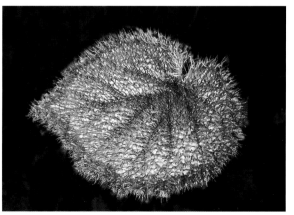

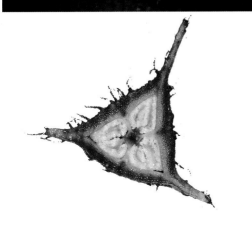

刘冰 / 摄

125a 伞叶秋海棠

Begonia umbraculifolia Y. Wan & B. N. Chang, Acta Phytotax. Sin. 25 (4): 322, pl. 1, fig. 1-4. 1987.

Herb with rhizome. **Leaf blade** peltate, suborbicular or broadly ovate, both sides sparsely hispid. ♂ **flowers:** tepals 4. ♀ **flowers:** tepals 3, **ovary** ovoid-oblong, placentae parietal. **Capsule** oblong, subequally 3-winged. Fl. Oct-Nov, fr. Jan-Feb.

In limestone forests, 200-500 m. Guangxi.

草本具根茎。**叶片**盾状，近圆形或宽卵圆形，两面疏被硬毛。**雄花:** 花被片4。**雌花:** 花被片3；**子房**卵状长圆形，侧膜胎座。**蒴果**长圆状，具近等3翅。花期10~11月，果期1~2月。

海拔200~500米石灰岩林下。广西。

125b 簇毛伞叶秋海棠

Begonia umbraculifolia Y. Wan & B. N. Chang var. **flocculosa** Y. M. Shui & W. H. Chen, Acta Bot. Yunnan. 27 (4): 372. 2005.

Herb with rhizome. **Leaf blade** subovate, adaxially hispid and setulose, abaxially densely setose on veins. ♂ **flowers:** tepals 4, white or pinkish. ♀ **flowers:** tepals 3, white or pinkish, **ovary** hispid, placentae parietal. **Capsule** oblong, subequally 3-winged. Fl. Sep-Oct, fr. Oct-Dec.

In limestone forests, 200-500 m. Guangxi.

草本具根茎。**叶片**近卵形，正面被硬毛及疏被刚毛，背面沿脉多刚毛。**雄花:** 花被片4，白色或淡粉色。**雌花:** 花被片3，白色或淡粉色；**子房**具硬毛，侧膜胎座。**蒴果**长圆状，具近等3翅。花期9~10月，果期10~12月。

海拔200~500米石灰岩林下。广西。

126 变色秋海棠

Begonia versicolor Irmsch., Mitt. Inst. Allg. Bot. Hamburg 10: 546. 1939.

Herb with rhizome. **Leaf blade** broadly ovate, both sides densely villous. ♂ **flowers:** tepals 4 or 5, pink. ♀ **flowers:** tepals 5, unequal, **ovary** oblong, villous, placentae axile. **Capsule** obovoid-oblong, unequally 3-winged. Fl. Jun-Sep, fr. Jul-Oct.

In forests, 1600-2100 m. Yunnan.

草本具根茎。**叶片**宽卵圆形，两面密被长柔毛。**雄花：**花被片4或5，粉色。**雌花：**花被片5，不等；**子房**长圆状，被长柔毛，中轴胎座。**蒴果**倒卵状长圆形，具不等3翅。花期6~9月，果期7~10月。

海拔1600~2100米林下。云南。

127 宜山秋海棠

Begonia yishanensis T. C. Ku, Acta
Phytotax. Sin. 37 (3): 285, Pl. 1. fig. 3-4.
1999.

Herb with rhizome. **Leaf blade** suborbicular,
sparsely pilose. ♂ **flowers:** tepals 4, pink. ♀
flowers: tepals 3, red, **ovary** inverted cone,
placentae parietal. **Capsule** inverted cone,
unequally 3-winged. Fl. Sep-Oct, fr. Nov-Dec.

In limestone caves, 800 m. Guangxi.

草本具根茎。**叶片**近圆形，疏被弯
曲长毛。**雄花:** 花被片4，粉色。**雌花:**
花被片3，红色；**子房**倒圆锥状，侧膜胎
座。**蒴果**倒圆锥状，具不等3翅。花期
9~10月，果期11~12月。

海拔800米石灰岩山洞。广西。

宜山秋海棠的生境——广西北部宜州的喀斯特景观
Locality of Begonia yishanensis:
Karst landscape of Yizhou, Guangxi

128 吴氏秋海棠

Begonia zhengyiana Y. M. Shui, Acta
Phytotax. Sin. 40 (4): 374. 2002.

Herb with rhizome. **Leaf blade** reniform to
suborbicular, both sides glabrous. ♂ **flowers:**
tepals 4. ♀ **flowers:** tepals 3, **ovary** red, glabrous,
placentae parietal. **Capsule** ellipsoid, equally
3-winged, wings triangular. Fl. Aug-Oct, fr. Nov-
Dec.

In limestone forests, 500-600 m. Yunnan.

草本具根茎。**叶片**肾形至近圆形，两面无
毛。**雄花：**花被片4。**雌花：**花被片3；**子房**红
色，无毛，侧膜胎座。**蒴果**椭圆状，具相等3
翅，翅三角形。花期8~10月，果期11~12月。
海拔500~600米石灰岩林下。云南。

a

根茎藤状+无直立茎

rhizomes lianescent
& acaulescent

129 星果草叶秋海棠

Begonia asteropyrifolia Y. M. Shui & W. H. Chen, Acta Bot. Yunnan. 27 (4): 356, fig. 1. 2005.

Herb with rhizome. **Leaf blade** peltate, ovate, both sides pilose. ♂ **flowers:** tepals 2 or 4, pink. ♀ **flowers:** tepals 3, pinkish, **ovary** sparsely pubescent, placentae parietal. **Capsule** broadly ovoid, pilose, unequally 3-winged. Fl. Mar-Apr, fr. May-Jul.

In limestone caves, 300-400 m. Guangxi.

草本具根茎。**叶片**盾状，卵形，两面有毛。**雄花：**花被片2或4，粉色。**雌花：**花被片3，淡粉色；**子房**疏被柔毛，侧膜胎座。**蒴果**卵状，被柔毛，具不等3翅。花期3~4月，果期5~7月。

海拔300~400米石灰岩山洞。广西。

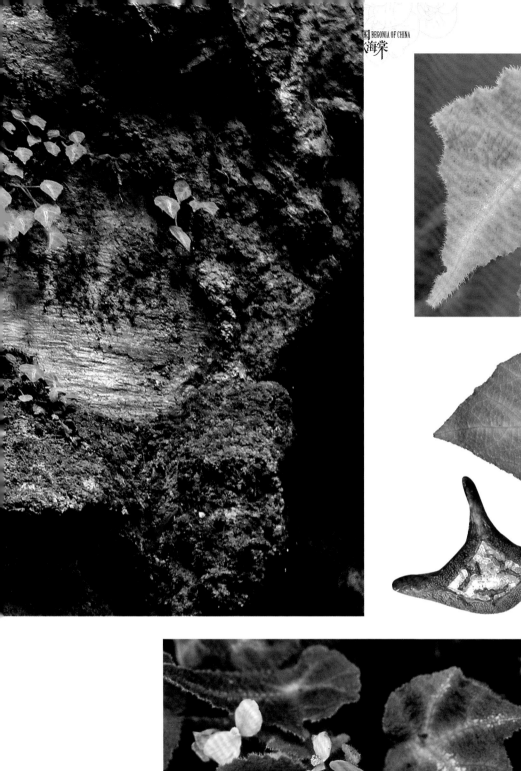

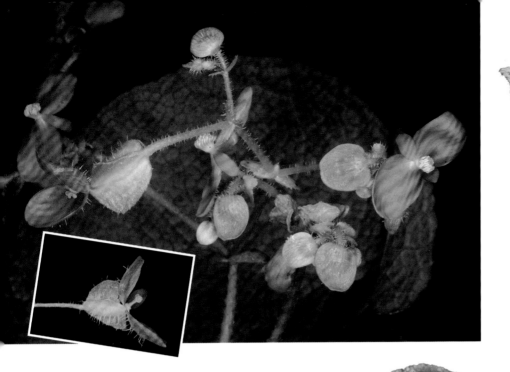

130 橙花侧膜秋海棠

Begonia aurantiflora C. I Peng, Yan Liu & S. M. Ku, Bot. Stud. 49: 83. 2008.

Herb with rhizome. **Leaf blade** broadly ovate or suborbicular, adaxially sparsely long-pilose, abaxially densely pilose to tomentose. ♂ **flowers:** tepals 4, orange. ♀ **flowers:** tepals 3, orange, caducous, **ovary** ovoid, placentae parietal. **Capsule** unequally 3-winged. Fl. Jun-Jul, fr. Jun-Aug.

In limestone cave or forests. Guangxi.

草本具根茎。**叶片**阔卵形或近圆形，正面疏被长柔毛，背面密被柔毛及绒毛。**雄花：**花被片4，橙色。**雌花：**花被片3，橙色，早落；**子房**卵圆状，侧膜胎座。**蒴果**具不等3翅。花期6~7月，果期6~8月。

石灰岩溶洞或林下。广西。

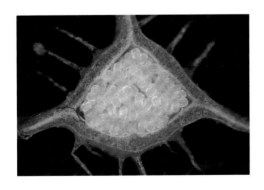

韦毅刚 / 摄

131 耳托秋海棠

Begonia auritistipula Y. M. Shui & W. H. Chen, Acta Bot. Yunnan. 27 (4): 357, fig. 2. 2005.

Herb vinelike with rhizome. **Leaf blade** ovate, rugose, adaxially setulose, abaxially hirsute. ♂ **flowers:** tepals 4. ♀ **flowers:** tepals 3, **ovary** sparsely strigose-hirsute, placentae parietal. **Capsule** unequally 3-winged. Fl. May-Nov, fr. Jul-Dec.

In limestone forests. Guangxi.

草本藤状具根茎。**叶片**卵圆形，皱，正面被刚毛，背面具硬毛。**雄花：** 花被片4。**雌花：** 花被片3；**子房**被稀疏硬毛，侧膜胎座。**蒴果**具不等3翅。花期5~11月，果期7~12月。

石灰岩山林下。广西。

271

132 德保秋海棠

Begonia debaoensis C. I Peng, Yan Liu & S. M. Ku, Bot. Stud. 47(2): 207, figs. 1-4. 2006.

Herb with rhizome. **Leaf blade** broadly ovate or suborbicular. ♂ **flowers:** tepals 4. ♀ **flowers:** tepals 3, caducous, **ovary** ellipsoid, placentae parietal. **Capsule** unequally 3-winged. Fl. Aug-Oct, fr. Oct-Jan of next year.

In limestone caves, 300 m. Guangxi.

草本具根茎。**叶片**宽卵圆形至近圆形。**雄花:** 花被片4。**雌花:** 花被片3，早落；**子房**椭圆状，侧膜胎座。**蒴果**具不等3翅。花期8~10月，果期10月至次年1月。

海拔300米石灰岩山洞。广西。

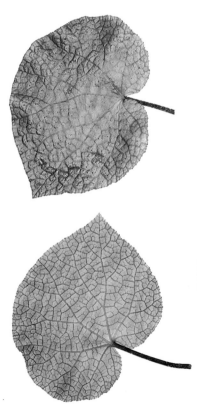

133 方氏秋海棠

Begonia fangii Y. M. Shui & C. I Peng, Bot. Bull. Acad. Sin. 46 (1): 83, figs. 1-6. 2005.

Herb with rhizome. **Leaf blade** palmately compound. ♂ **flowers:** tepals 4, pinkish. ♀ **flowers:** tepals 3, pinkish, **ovary** subglabrous, placentae parietal. **Capsule** subglabrous, unequally 3-winged. Fl. Feb-Apr, fr. Feb-Jun.

On limestone slopes, 400-700 m. Guangxi.

草本具根茎。**叶片**掌状复叶，小叶长披针形。**雄花：** 花被片4，淡粉色。**雌花：** 花被片3，淡粉色；**子房**近无毛，侧膜胎座。**蒴果**近无毛，具不等3翅。花期2~4月，果期2~6月。

海拔400~700米石灰岩山坡。广西。

274

134 喙果秋海棠

Begonia rhynchocarpa Y. M. Shui & W. H. Chen, Acta Bot. Yunnan. 27 (4): 370, fig. 10. 2005.

Herb with rhizome. **Leaf blade** ovate, slightly rugose, hairy. ♂ **flowers:** tepals 4, red. ♀ **flowers:** tepals 3, pinkish, glabrous, **ovary** narrowly trigonous, placentae parietal. **Capsule** narrowly trigonous, equally 3-winged. Fl. Jan-May, fr. Mar-Jun.

In limestone forests, 200-900 m. Yunnan.

草本具根茎。**叶片**卵圆形，微皱，有毛。**雄花：**花被片4，红色。**雌花：**花被片3，淡粉色，无毛；**子房**窄三角状，侧膜胎座。**蒴果**窄三角形，具相等3翅。花期1~5月，果期3~6月。

海拔200~900米石灰岩山林下。云南。

135 匍地秋海棠

Begonia ruboides C. M. Hu ex C. Y. Wu & T. C. Ku, Acta Phytotax. Sin. 33 (3): 260. fig. 9. 1995.

Herb with rhizome. **Leaf blade** orbicular or broadly ovate, adaxially setose, abaxially hirsute. ♂ **flowers:** tepals 4, white. ♀ **flowers:** tepals 4, white, **ovary** sparsely hairy, placentae axile. **Capsule** ovoid, unequally 3-winged. Fl. Mar-May, fr. Jun-Jul.

In forests, 1300-2200 m. Yunnan.

草本具根茎。**叶片**圆形或宽卵形，正面被刚毛，背面具硬毛。**雄花：**花被片4，白色。**雌花：**花被片4，白色；**子房**疏被毛，中轴胎座。**蒴果**卵圆状，具不等3翅。花期3~5月，果期6~7月。

海拔1300~2200米林下。云南。

附录一　植物学名索引

APPENDIX 1　Index to the scientific names of *Begonia* in China

附录二　中文名索引

APPENDIX 2　Index to the Chinese names of *Begonia* in China

附录三　未收录种类

APPENDIX 3　Absent *Begonia* species of China in the book

Begonia acetosella Craib var. *hirtifolia* Irmsch., Mitt. Inst. Allg.Bot. Hamburg.10: 515. 1939.

Begonia acutitepala K.Y. Guan & D.K. Tian, Acta Bot. Yunnan. 22(2): 129. 2000.

Begonia algaia L.B. Sm. &Wassh., Phytologia 52(7): 441. 1983.

Begonia asperifolia Irmsch. var. *tomentosa* Yu, Bull. Fan Mem. Inst. Biology new ser. 1 (2): 118. 1948.

*Begonia asperifolia*Irmsch.var. *unialata* T. C. Ku, Fl. China 13: 163. 2007.

Begonia austrotaiwanensis Y. K. Chen & C. I Peng, J. Arnold Arbor. 71(4): 567. 1990.

Begonia bonii Gagnep., Bull. Mus. Natl. Hist. Nat. 25: 196.1919.

Begonia bouffordii C.I Peng, Bot. Bull. Acad. Sin. 46(3): 255, figs. 1-4. 2005.

Begonia brevisetulosa C.Y. Wu, Acta Phytotax. Sin. 33(3): 265. 1995.

Begonia chishuiensis T. C. Ku, Acta Phytotax. Sin. 33(3): 267. 1995.

Begonia chitoensis T. S. Liu & M. J. Lai, Fl. Taiwan 3: 793. 1977.

Begonia chongzuoensis Yan Liu, S. M. Ku & C. I Peng, Bot. Stud. 53(2): 283. 2012.

Begonia cucurbitifolia C. Y. Wu, Acta Phytotax. Sin. 33 (3): 268, fig. 14. 1995.

Begonia chuyunshanensis C. I Peng & Y. K. Chen, Bot. Bull. Acad. Sin. 46 (3): 258, figs. 5-7. 2005.

Begonia clavicaulis Irmsch., Mitt. Inst. Bot. Hamburg 10:500. 1939.

Begonia coelocentroides Y. M. Shui & Z. D. Wei, Acta Phytotax. Sin. 45(1): 86, fig. 1. 2007.

Begonia coptidifolia H. G. Ye, F. G. Wang, Y. S. Ye & C. I Peng, Bot. Bull. Acad. Sin. 45(3): 259. 2004.

Begonia dielsiana Gilg, Bot. Jahrb. Syst. 34(1): 91. 1904.

Begonia digyna Irmsch., Mitt. Inst. Bot. Hamburg vi. 352. 1927.

Begonia discrepans Irmsch., Bot. Jahrb. Syst. 76(1): 100. 1953.

Begonia flaviflora Hara, J. Jap. Bot. 45: 91. 1970.

Begonia flaviflora Hara var. *gamblei* (Irmsch.) Golding & Kareg., Phytologia 54(7): 496. 1984.

Begonia flaviflora Hara var. *vivida* Golding & Kareg., Phytologia 54(7): 496. 1984.

Begonia fordii Irmsch., Mitt. Inst. Bot. Hamburg 10:501. 1939.

Begonia forrestii Irmsch., Mitt. Inst. Bot. Hamburg X. 548. 1939.

Begonia gagnepainiana Irmsch., Mitt. Inst. Allg. Bot. Hamburg 10: 538. 1939.

Begonia gigabracteata Hong Z. Li & H. Ma, Bot. J. Linn. Soc. 157(1): 83, figs. 2-6, map. 2008.

Begonia guixiensis Yan Liu, S. M. Ku & C. I Peng, Bot. Stud. 55:52. 2014.

Begonia gungshanensis C. Y. Wu, Acta Phytotax. Sin. 33(3): 270. 1995.

Begonia handelii Irmsch. var. *prostrata* (Irmsch.) Tebbitt, Edinburgh J. Bot. 60 (1): 6. 2003.

Begonia hatacoa Buch.-Ham. ex D. Don, Prodr. Fl. Nepal. 223. 1825.

Begonia hemsleyana Hook. f. var. *kwangsiensis* Irmsch., Mill. Inst. Allg. Bot. Hamburg 10: 538. 1939.

Begonia hongkongensis F. W. Xing, Ann. Bot. Fenn. 42 (2): 151, figs. 1-2. 2005.

Begonia howii Merr. & Chun, Sunyatsenia 5: 138. 1940.

Begonia imitans Irmsch., Mitt. Inst. Allg. Bot. Hamburg 10: 511. 1939.

Begonia jinyunensis C. I Peng, Bo Ding & Qian Wang, Bot. Stud. (Taipei) 55: 4. 2014.

Begonia josephi A. DC., Ann. Sci. Nat., Bot. sér. 4, 11: 126. 1859.

Begonia lancangensis S. H. Huang, Acta Bot. Yunnan. 21(1): 13. 1999.

Begonia longanensis C. Y. Wu, Acta Phytotax. Sin. 35(1): 54. 1997.

Begonia lukuana Y. C. Liu & C. H. Ou, Bull. Exp. Forest Natl. Chung Hsing Univ. 4: 6. 1982.

Begonia maguanensis S. H. Huang & Y. M. Shui, Acta Bot. Yunnan. 16(4): 338. 1994.

Begonia malipoensis S. H. Huang & Y. M. Shui, Acta Bot. Yunnan. 16(4): 333. 1994.

Begonia muliensis Yu, Bull. Fan Mem. Inst. Biol. Bot. ser. 2, 1: 119. 1948.

Begonia nantoensis M. J. Lai & N. J. Chung, Quart. J. Exp. Forest. 6(1): 60. 1992.

Begonia ovatifolia A. DC., Ann. Sci. Nat., Bot. sér. 4, 11: 132. 1859.

Begonia palmata D. Don var. *crassisetulosa* (Irmsch.) J. Golding & C. Kareg., Phytologia 54: 495. 1984.

Begonia palmata D. Don var. *difformis* (Irmsch.) J. Golding & C. Kareg., Phytologia 54: 495. 1984.

Begonia palmata D. Don var. *laevifolia* (Irmsch.) J. Golding & C. Kareg., Phytologia 54: 495. 1984.

Begonia paucilobata C.Y. Wu, Acta Phytotax. Sin. 33(3): 275. 1995.

Begonia pengii S. M. Ku & Yan Liu, Bot. Stud. 49(2): 167, figs. 1-3. 2008.

Begonia picta Hort. Henders. ex A. DC., Prodr. 15(1): 350. 1864.

Begonia pinglinensis C. I Peng, Bot. Bull. Acad. Sin. 46(3): 261, figs. 4, 8-10. 2005.

Begonia porteri H. Lév. & Vaniot, Repert. Spec. Nov. Regni Veg. 9: 20. 1910.

Begonia pseudodaxinensis S. M. Ku, Yan Liu & C. I Peng, Bot. Stud. 47(2): 211, figs. 3-6. 2006.

Begonia pseudoleprosa C. I Peng, Yan Liu & S. M. Ku, Bot. Stud. 47(2): 214, figs. 4, 7-8. 2006.

Begonia rockii Irmsch., Mitt. Inst. Allg. Bot. Hamburg 10: 544. 1939.

Begonia rongjiangensis T. C. Ku, Acta Phytotax. Sin. 33(3): 279. 1995.

Begonia rubinea Hong Z. Li & H. Ma, Bot. Bull. Acad. Sin. 46(4): 377, figs. 1-4. 2005.

Begonia rubropunctata S. H. Huang & Y. M. Shui, Acta Bot. Yunnan. 16 (4): 339. 1994.

Begonia scitifolia Irmsch., Mitt. Inst. Allg. Bot. Hamburg 10: 541. 1939.

Begonia silletensis (A. DC.) C. B. Clarke subsp. *mengyangensis* Tebbitt & K. Y. Guan, Novon. 12 (1): 134. 2002.

Begonia suboblata D. Fang & D. H. Qin, Acta Phytotax. Sin. 42(2): 177, fig. 4. 2004.

Begonia summoglabra Yu, Bull. Fan Mem. Inst. Biology new ser. 1 (2): 117. 1948.

Begonia taiwaniana Hayata, J. Coll. Sc. Tokyo xxx. Art. 1, 125. 1911.

Begonia tengchiana C. I Peng & Y. K. Chen, Bot. Bull. Acad. Sin. 46(3): 265, figs. 4, 11-12. 2005.

Begonia tessaricarpa C. B. Clarke, Fl. Brit. India 2(6): 636. 1879.

Begonia tsoongii C.Y. Wu, Acta Phytotax. Sin. 33(3): 280, 1995.

Begonia wutaiana C.I Peng & Y. K. Chen, Bot. Bull. Acad. Sin. 46(3): 268, figs. 7, 13-14. 2005.

Begonia xanthina Hook., Bot. Mag. 78: t. 4683. 1852.

Begonia xishuiensis T. C. Ku, Acta Phytotax. Sin. 33(3): 264. 1995.

Begonia yingjiangensis S. H. Huang, Acta Bot. Yunnan. 21(1): 18. 1999.

致谢
Acknowledgement

　　在本书编写前二十余年的积累过程中，离不开云南大学黄素华教授、中国科学院植物研究所的谷粹芝研究员和靳晓白研究员的悉心指导。此外也衷心感谢中国科学院昆明植物研究所已故吴征镒院士在秋海棠研究工作中的热情鼓励和大力支持。

　　特别感谢广西中医药研究院的方鼎研究员的热情支持，在过去的十余年间，作者多次前往GXMI查阅标本，均得到方先生的热情接待。而且，在2004年期间的考察中，方先生亲自将作者带到野外寻找他定的新类群*Begonia zhangii*，历时两个小时在石头堆中仔细搜寻，才勉强寻到一株带有半片新鲜叶片的植株（二月份干旱较为严重），当年方先生已年近80岁高龄。

　　本书在成书的过程中得到了昆明植物园李景秀高级实验师、上海辰山植物园田代科研究员、深圳仙湖植物园张寿洲研究员在材料观察上的大力支持和协助；广西植物研究所韦毅刚研究员和刘演研究员对野外考察提供了重要指导。在此一并深表感谢。

　　本书也同时得到了陈炳华、陈世品、郭治友、李艳春、李智宏、刘冰、刘恩德、刘晟源、秦新生、谭运洪、田代科、王建、王文广、夏熙城、谢彦军、韦毅刚等多位提供照片的同行的热情支持，在此一并深表感谢。同时也感谢为本书提供部分照片的课题组其他成员。